Beitrag zur Theorie mehrfach gestützter Stabzüge.

Dissertation

zur

Erlangung der Würde eines Doktor-Ingenieurs

der

Königlichen Technischen Hochschule zu Berlin

vorgelegt am 2. Dezember 1909

von

Dipl.-Ing. Henri Marcus
aus Smyrna.

Genehmigt am 1. Mai 1911.

Springer-Verlag Berlin Heidelberg GmbH 1911

Studien über mehrfach gestützte Rahmen- und Bogenträger.

Von

Dr.-Ing. Henri Marcus.

Mit 52 Textfiguren.

Springer-Verlag Berlin Heidelberg GmbH 1911

Referent: Herr Geh. Reg.-Rat Prof. Dr.-Ing. H. Müller-Breslau.

Korreferent: Herr Prof. Siegmund Müller.

ISBN 978-3-662-39356-7 ISBN 978-3-662-40406-5 (eBook)
DOI 10.1007/978-3-662-40406-5

Vorwort.

Die vorliegende Abhandlung befaßt sich mit der statischen Untersuchung mehrfach gestützter Rahmen- und Bogenkonstruktionen: ihr Ziel ist die einheitliche analytische Ableitung der allgemeinen Elastizitätsgleichungen dieser Trägerarten, auf Grund einer Erweiterung des Dreimomentensatzes des einfachen durchlaufenden Balkens.

Das Wesentliche in der Behandlung der Aufgabe ist die Einführung von Gruppen statisch unbestimmter Größen, welche nach einem konstanten Gesetze als Funktionen der Stützenwiderstände gebildet werden, und die Gewinnung der Elastizitätsgleichungen durch unmittelbare Anwendung des Castiglianoschen Satzes der kleinsten Formänderungsarbeit, unter Berücksichtigung der durch Temperatureinflüsse und Nachgiebigkeit der Stützung hervorgerufenen Nebenspannungen.

Der erste Teil der Arbeit ist den in der Praxis am häufigsten vorkommenden Rahmensystemen gewidmet, während im zweiten Teil verschiedene Formen von durchlaufenden Bogenträgern mit elastischer Stützung einer eingehenden Prüfung unterzogen werden.

Diesen Untersuchungen schließen sich zwei neuere Veröffentlichungen an: ein Beitrag zur Theorie der Vierendeelträger (Armierter Beton 1910, Heft 5, 6, 7 u. 11), sowie eine Abhandlung über ein- und zweireihige Zellensysteme (Zeitschrift für Architektur und Ingenieurwesen, 1911, Heft 1 u. 4).

Der Verfasser übergibt diese Studien dem Wohlwollen der engeren Fachgenossen und hofft, daß seine Arbeit dazu beitragen wird, die genaue Erforschung des wichtigen Gebietes der Rahmen- und Bogenkonstruktionen im Sinne der modernen Statik zu fördern.

Berlin, im Oktober 1911.

H. Marcus.

Inhaltsverzeichnis.

Erster Teil.

Durchlaufende Rahmenträger.

Zweiter Teil.

Durchlaufende Bogenträger.

Erster Teil.

Durchlaufende Rahmenträger.

I. Abschnitt.

Rahmenträger mit wagerechtem Riegel und gleich hohen lotrechten Ständern, welche am unteren Ende drehbar befestigt sind.

§ 1. Entwicklung der Grundgleichungen.

Das in Abb. 1 dargestellte Rahmensystem besteht aus einem geraden vollwandigen Riegel, welcher mit den Ständern starr verbunden ist.

Der Widerstand der gelenkartigen Stützung ist durch 2 Kraftgrößen, den lotrechten Stützendruck C und den wagerechten Schub H definiert. Wir bezeichnen mit

h die Ständerhöhe,
l_r die wagerechte Spannweite des r^{ten} Feldes,
I_r das mittlere Trägheitsmoment des r^{ten} Riegels,
I_r^v ,, ,, ,, ,, r^{ten} Ständers,
F_r den mittleren Querschnittsinhalt des r^{ten} Riegels,
F_r^v ,, ,, ,, ,, r^{ten} Ständers.

Die folgenden Entwicklungen setzen nur lotrechte Belastung des Riegels voraus: es wird später gezeigt, in welcher Weise sich die Wirkung wagerechter Lasten berücksichtigen läßt.

Als Hauptsystem führen wir für jedes Feld R einen Stabzug i i′ k k′ (Abb. 2) in der Form eines einfachen Rahmens mit einem festen und einem beweglichen Lager ein, weisen ihm die Belastung P_r an und bezeichnen die entsprechenden Auflagerdrücke und Biegungsmomente mit A_r, B_r und M_{0r}.

Denken wir uns zunächst die Stützenwiderstände H_r beseitigt, so hätten wir (Abb. 3) einen einfachen durchlaufenden Balken mit freibeweglichen Stützpunkten: zwischen den Stützenmomenten M_r' und

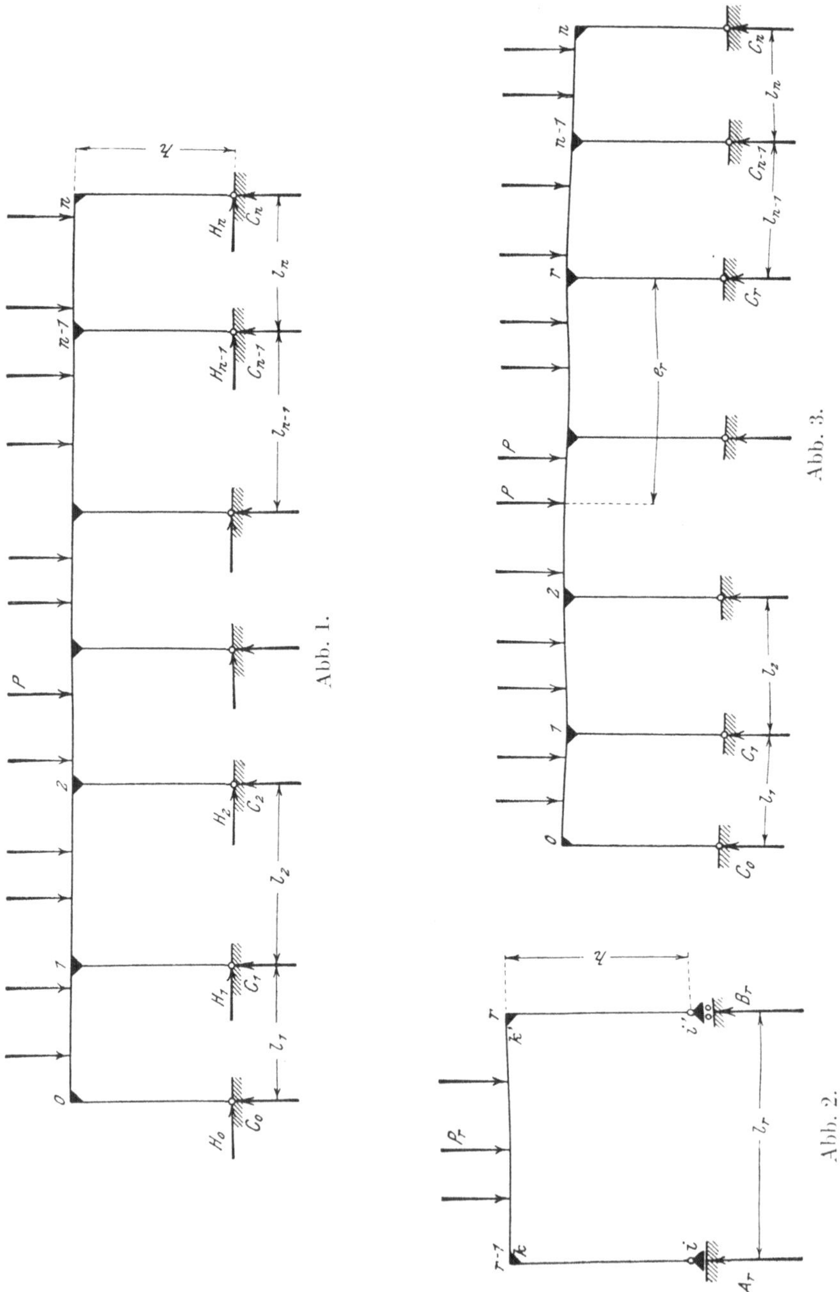

Abb. 1.

Abb. 3.

Abb. 2.

den lotrechten Stützenreaktionen C_r dieses Balkens bestehen bekanntlich, wenn

$$C_{0r} = A_{r+1} + B_r \text{ [1]}$$

gesetzt wird, die Fundamentalgleichungen:

$$A \ldots \ldots \begin{cases} C_0 = C_{00} + \dfrac{M_1'}{l_1} \\ C_1 = C_{01} - M_1' \dfrac{(l_1 + l_2)}{l_1 l_2} + \dfrac{M_2'}{l_2} \\ C_2 = C_{02} + \dfrac{M_1'}{l_2} - \dfrac{M_2'}{l_2 l_3}(l_2 + l_3) + \dfrac{M_3'}{l_3} \\ \ldots\ldots\ldots\ldots\ldots\ldots \\ C_r = C_{0r} + \dfrac{M'_{r-1}}{l_r} - \dfrac{M_r'}{l_r \cdot l_{r+1}}(l_r + l_{r+1}) + \dfrac{M'_{r+1}}{l_{r+1}} \end{cases}$$

oder auch:

$$A^a \ldots \begin{cases} M_1' = C_0 l_1 - \Sigma P e_1 \\ M_2' = C_0 (l_1 + l_2) + C_1 l_2 - \Sigma P e_2 \\ \ldots\ldots\ldots\ldots\ldots\ldots \\ M_r' = C_0 (l_1 + l_2 + \ldots + l_r) + C_1 (l_2 + l_3 + \ldots + l_r) + \\ \qquad + C_2 (l_3 + l_4 + \ldots + l_r) + \ldots + C_{r-1} \cdot l_r - \Sigma P e_r. \end{cases}$$

Unter $\Sigma\, P e_r$ ist hierbei das statische Moment der links vom Punkte r befindlichen Lasten P in bezug auf denselben verstanden.

In ähnlicher Weise bilden wir zwischen den Kraftgrößen H_r ein Gleichungssystem in der Form:

$$B \ldots \ldots \begin{cases} H_0 = \alpha_1 \\ H_1 = \alpha_2 - \alpha_1 \\ H_2 = \alpha_3 - \alpha_2 \\ \ldots\ldots \\ H_r = \alpha_{r+1} - \alpha_r \end{cases}$$

oder

$$B^a \ldots \begin{cases} \alpha_1 = H_0 \\ \alpha_2 = H_0 + H_1 \\ \ldots\ldots\ldots\ldots \\ \alpha_r = H_0 + H_1 + H_2 + \ldots + H_{r-1}. \end{cases}$$

Sind n Felder vorhanden, so treten je (n + 1) Kraftgrößen C und H auf: das Rahmensystem ist aber, infolge der äußeren Gleichgewichtsbedingungen, nur (2 n — 1)-fach statisch unbestimmt.

Die Bedingung, daß die Summe der äußeren wagerechten Kräfte = 0 sein soll, liefert:

$$\Sigma H = 0, \quad \text{d. h.} \quad \alpha_n + H_n = 0.$$

[1]) Vgl. Müller-Breslau: „Die graphische Statik der Baukonstruktionen", Bd. II, Abt. 2, S. 44.

Die Bedingung, daß das statische Moment der äußeren Kräfte in bezug auf den unteren n^{ten} Stützpunkt = 0 wird, ist durch die Gleichung

$$M_n' = 0$$

oder, wenn ein Kragarm noch vorhanden ist (Abb. 4),

$$M_n' = -\Sigma_n P e_n$$

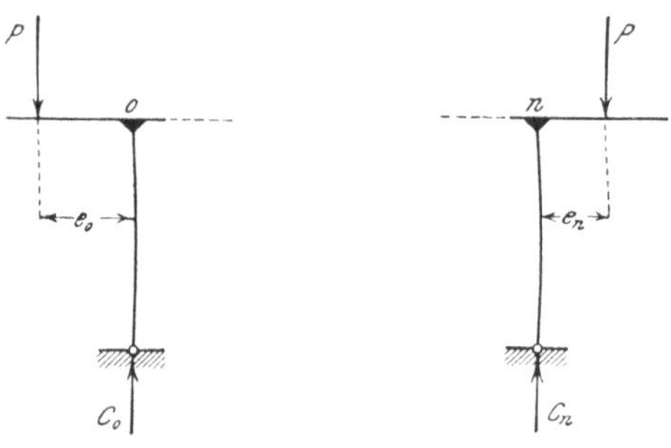

Abb. 4.

erfüllt. Bezieht man dagegen das statische Moment in bezug auf den unteren Stützpunkt 0, so muß analog

$$M_0' = 0 \quad \text{bzw.} \quad M_0' = -\Sigma P_0 e_0$$

werden.

Die dritte Bedingung, daß die Summe der äußeren lotrechten Kräfte $\Sigma(P - C) = 0$ sein soll, wird durch das Gleichungssystem A an sich befriedigt.

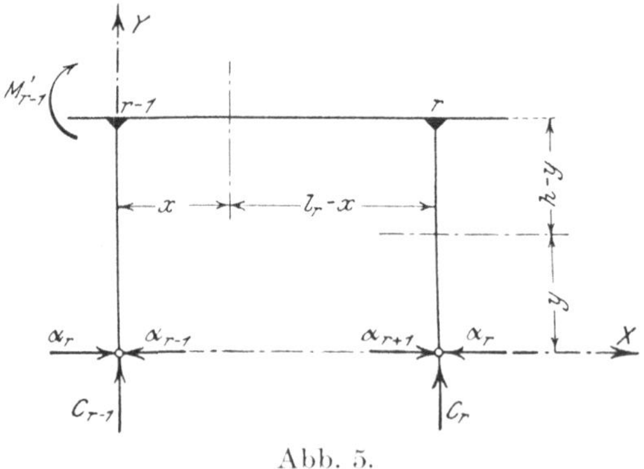

Abb. 5.

Durch Elastizitätsgleichungen sind also nur (n — 1) Werte M' und n Werte α zu ermitteln. Wählen wir diese durch die Gleichungssysteme A^a und B^a einheitlich definierten Werte als statisch unbestimmte Größen, so lauten die Gleichungen der Biegungsmomente M und der Axialkräfte N:

a) für den Ständer R (Abb. 5)

1. . . . . $$\begin{cases} M_r^v = -H_r \cdot y = (\alpha_r - \alpha_{r+1})\,y \\ N_r^v = -C_r = -C_{0r} - \dfrac{M'_{r-1}}{l_r} + \dfrac{M_r'}{l_r \cdot l_{r+1}}(l_r + l_{r+1}) - \dfrac{M'_{r+1}}{l_{r+1}}. \end{cases}$$

b) für den Riegel R (Abb. 5)

2. . . . . $$\begin{cases} M_r = M_{0r} + M'_{r-1} + \dfrac{M_r' - M'_{r-1}}{l_r} \cdot x - \alpha_r \cdot h \\ N_r = -\alpha_r. \end{cases}$$

Momente, welche den Träger nach unten verbiegen, und Axialkräfte, welche den Träger auf Zug beanspruchen, sind hierbei mit dem positiven Vorzeichen versehen. Bezeichnen wir mit

E den Elastizitätsmodul des Materials,
ε den Ausdehnungskoeffizient desselben,
t_0 den Betrag der Temperaturänderung in der Nullinie des Querschnittes,
Δt den Temperaturunterschied zwischen den inneren und äußeren Querschnittsrändern,
d die mittlere Querschnittshöhe,
A_i die Arbeit der inneren Spannkräfte,
$\mathfrak{A}$ die dem wirklichen Belastungszustande entsprechende virtuelle Arbeit der Auflagerkräfte,

so gilt bekanntlich [1]) die Gleichung:

$$A_i = \int \frac{M^2\,ds}{2\,E\,I} + \int \frac{N^2\,ds}{2\,E\,F} + \int \varepsilon\, t_0\, N\, ds + \int \varepsilon \frac{\Delta t}{d} M\, ds.$$

Stellen wir nun die Bedingung, daß in jedem partiellen Belastungszustande die Arbeit der äußeren Auflagerkräfte gleich der Arbeit der inneren Spannkräfte sein soll, so erhalten wir die 2 folgenden Elastizitätsgleichungssysteme:

I) . . . . $$\begin{cases} \dfrac{\partial \mathfrak{A}}{\partial M_1'} = \dfrac{\partial A_i}{\partial M_1'} \\ \dfrac{\partial \mathfrak{A}}{\partial M_2'} = \dfrac{\partial A_i}{\partial M_2'} \\ \quad \cdots\cdots \\ \dfrac{\partial \mathfrak{A}}{\partial M_r'} = \dfrac{\partial A}{\partial M_r'} \end{cases}$$

II) . . . . $$\begin{cases} \dfrac{\partial \mathfrak{A}}{\partial \alpha_1} = \dfrac{\partial A_i}{\partial \alpha_1} \\ \dfrac{\partial \mathfrak{A}}{\partial \alpha_2} = \dfrac{\partial A_i}{\partial \alpha_2} \\ \quad \cdots\cdots \\ \dfrac{\partial \mathfrak{A}}{\partial \alpha_r} = \dfrac{\partial A_i}{\partial \alpha_r} \end{cases}$$

---

[1]) Vgl. Müller-Breslau: Neuere Methoden der Festigkeitslehre, § 14.

Das erstere enthält (n — 1), das zweite n Gleichungen; insgesamt haben wir ebenso viele voneinander unabhängige Gleichungen, als Werte M′ und α vorkommen.

Wir gehen jetzt zur Integration der typischen Elastizitätsgleichungen über.

1. Entwicklung der Gleichung $\frac{\partial \mathfrak{A}}{\partial M_r'} = \frac{\partial A_i}{\partial M_r'}$.

Die Verschiebung des r_{ten} Stützpunktes möge sich nach Abb. 6 aus einer lotrechten, nach unten positiv gemessenen Verschiebung δ_r, und einer wagerechten, nach links positiv gemessenen Verschiebung η_r zusammensetzen. Wir nehmen an, daß diese Verschiebungen sich in der Form

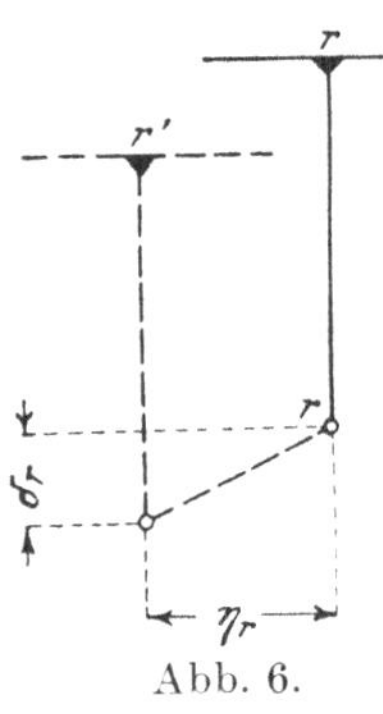

Abb. 6.

$$\delta_r = \delta_{0r} + C_r \cdot \delta_r'$$
$$\eta_r = \eta_{0r} + H_r \cdot \eta_r'$$

darstellen lassen; hierbei bedeuten δ_{0r} und η_{0r} die gegebenen, beobachteten oder geschätzten Verschiebungen, während δ_r' und η_r' das Elastizitätsmaß der Stützung definieren, d. h. die Strecke, um welche sich der Stützpunkt lotrecht bzw. wagrecht unter der Einwirkung der lotrechten bzw. wagerechten Lasteinheit bewegt.

Es ist allgemein:

$$\mathfrak{A} = -\Sigma(C_r\,\delta_r + H_r \cdot \eta_r).$$

Somit

$$\frac{\partial \mathfrak{A}}{\partial M_r'} = -\Sigma \frac{\partial C_r}{\partial M_r'} \cdot \delta_r - \Sigma \frac{\partial H_r}{\partial M_r'} \cdot \eta_r.$$

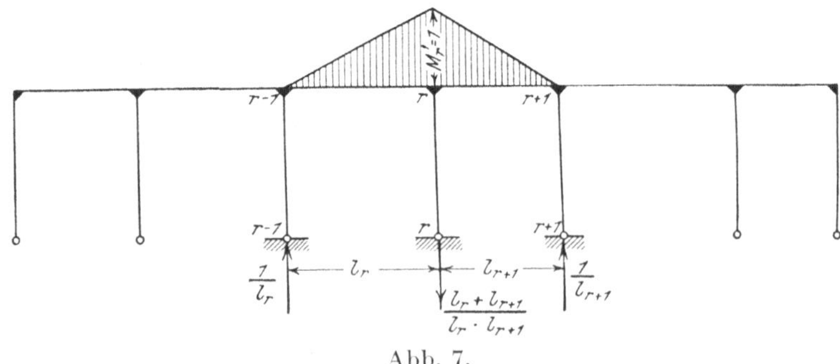

Abb. 7.

Im partiellen Belastungszustande $M_r' = +1$ entstehen nur die 3 lotrechten Widerstände C_{r-1}, C_r und C_{r+1} (Abb. 7). Man erhält daher:

$$\Sigma \frac{\partial H_r}{\partial M_r'} \cdot \eta_r = 0$$

$$-\frac{\partial C_{r-1}}{\partial M_r'} \cdot \delta_{r-1} = -\frac{\delta_{r-1}}{l_r} = -\frac{\delta_{0\,r-1} + C_{0\,r-1} \cdot \delta'_{r-1}}{l_r}$$

$$-\frac{\delta'_{r-1}}{l_r}\left[\frac{M'_{r-2}}{l_{r-1}} - M'_{r-1}\frac{(l_{r-1}+l_r)}{l_{r-1}\cdot l_r} + \frac{M_r'}{l_r}\right]$$

$$-\frac{\partial C_r}{\partial M_r'} \cdot \delta_r = \delta_r \frac{(l_r + l_{r+1})}{l_r \cdot l_{r+1}} = \frac{l_r + l_{r+1}}{l_r \cdot l_{r+1}}\Bigg\{\delta_{0\,r} + C_{0\,r} \cdot \delta_r'$$

$$+ \delta_r'\left[\frac{M'_{r-1}}{l_r} - M_r'\frac{(l_r + l_{r+1})}{l_r \cdot l_{r+1}} + \frac{M'_{r+1}}{l_{r+1}}\right]\Bigg\}$$

$$-\frac{\partial C_{r+1}}{\partial M_r'} \cdot \delta_{r+1} = -\frac{\delta_{r+1}}{l_{r+1}} = -\frac{\delta_{0\,r+1} + C_{0\,r+1} \cdot \delta'_{r+1}}{l_{r+1}}$$

$$-\frac{\delta'_{r+1}}{l_{r+1}}\left[\frac{M_r'}{l_{r+1}} - M'_{r+1}\frac{(l_{r+1}+l_{r+2})}{l_{r+1}\cdot l_{r+2}} + \frac{M'_{r+2}}{l_{r+2}}\right]$$

Insgesamt

$$\frac{\partial \mathfrak{A}}{\partial M_r'} = -\left[\frac{\delta_{0\,r-1}}{l_r} - \delta_{0\,r}\frac{(l_r + l_{r+1})}{l_r \cdot l_{r+1}} + \frac{\delta_{0\,r+1}}{l_{r+1}}\right]$$

$$-\left[\frac{C_{0\,r-1}\cdot \delta'_{r-1}}{l_r} - C_{0\,r}\cdot \delta_r'\frac{(l_r + l_{r+1})}{l_r \cdot l_{r+1}} + \frac{C_{0\,r+1}\cdot \delta'_{r+1}}{l_{r+1}}\right]$$

$$-\frac{\delta'_{r-1}}{l_{r-1}\cdot l_r} M'_{r-2} - \frac{\delta'_{r+1}}{l_{r+1}\cdot l_{r+2}} \cdot M'_{r+2}$$

$$+\frac{M'_{r-1}}{l_r^2}\left[\delta'_{r-1}\frac{(l_{r-1}+l_r)}{l_{r-1}} + \delta_r'\frac{(l_r + l_{r+1})}{l_{r+1}}\right]$$

$$+\frac{M'_{r+1}}{l^2_{r+1}}\left[\delta_r'\frac{(l_r + l_{r+1})}{l_r} + \frac{\delta'_{r+1}}{l_{r+2}}(l_{r+1} + l_{r+2})\right]$$

$$-M_r'\left[\frac{\delta'_{r-1}}{l_r^2} + \delta_r'\left(\frac{l_r + l_{r+1}}{l_r \cdot l_{r+1}}\right)^2 + \frac{\delta'_{r+1}}{l^2_{r+1}}\right]$$

Es ist nun andererseits:

$$\frac{\partial A_i}{\partial M_r'} = \int \frac{M}{EI} \cdot \frac{\partial M}{\partial M_r'} ds + \int \frac{N}{EF}\frac{\partial N}{\partial M_r'} \cdot ds + \int \varepsilon\, t_0 \frac{\partial N}{\partial M_r'} ds + \int \varepsilon \frac{\Delta t}{d}\frac{\partial M}{\partial M_r'} \cdot ds$$

Zu dieser Gleichung liefern nun diejenigen 5 Stäbe Beiträge, welche im Belastungszustande $M_r' = +1$ (Abb. 7) in Spannung gesetzt werden.

Der Ausdruck für diese Beiträge lautet, wenn wir die Temperaturänderungen t_0 und $\frac{\Delta t}{d}$ auf den Riegel beziehen, für die Ständer eine gleichmäßige Temperaturänderung t' annehmen, und zur Abkürzung

$$l_r' = l_r \cdot \frac{I_c}{I_r}$$

$$h_r' = h \cdot \frac{I_c}{I_r^v} \quad \text{setzen,}$$

a) für den Ständer r — 1:

$$6\,E\,I_c \cdot \frac{\partial A_i}{\partial M_r'} = \frac{6\,I_c}{l_r}\left(C_{r-1} \cdot \frac{h}{F_{r-1}^v} - \varepsilon\,E\,t'h\right),$$

b) für den Ständer r:

$$6\,E\,I_c \cdot \frac{\partial A_i}{\partial M_r'} = -6\,I_c \,.\, h\,\frac{(l_r + l_{r+1})}{l_r \cdot l_{r+1}}\left(\frac{C_r}{F_r^v} - \varepsilon\,E\,t'\right),$$

c) für den Ständer r + 1:

$$6\,E\,I_c \cdot \frac{\partial A_i}{\partial M_r'} = \frac{6\,I_c}{l_{r+1}}\left(\frac{C_{r+1} \cdot h}{F_{r+1}^v} - \varepsilon\,E\,t'h\right)$$

d) für den Riegel r:

$$6\,E\,I_c\,\frac{\partial A_i}{\partial M_r'} = l_r'\left(M_{r-1}' + 2\,M_r' - 3\,\alpha_r\,h + \frac{L_r}{l_r^2} + 3\,\varepsilon\,E\,I_r \,.\, \frac{\Delta t}{d}\right),$$

e) für den Riegel r + 1:

$$6\,E\,I_c \cdot \frac{\partial A_i}{\partial M_r'} = l_{r+1}'\left(2M_r' + M_{r+1}' - 3\,\alpha_{r+1} \,.\, h + \frac{R_{r+1}}{l_{r+1}^2} + 3\,\varepsilon\,E\,I_{r+1} \cdot \frac{\Delta t}{d}\right)$$

Unter I_c ist hierbei ein beliebiges Trägheitsmoment verstanden. Der Wert $L_r = \int_0^{l_r} M_{0\,r}\,x\,dx$ stellt das statische Moment der einfachen Momentenfläche des r^ten^ Riegels in bezug auf den Punkt (r — 1) dar, während $R_{r+1} = \int_0^{l_{r+1}} M_{0\,r+1}\,(l_{r+1} - x)\,dx$ das statische Moment der einfachen Momentenfläche des (r + 1) ^ten^ Riegels in bezug auf den Punkt (r + 1) bedeutet.

Durch Zusammenfassung aller Ausdrücke geht die Gleichung

$$6\,E\,I_c \cdot \frac{\partial \mathfrak{A}}{\partial M_r'} = 6\,E\,I_c\,\frac{\partial A_i}{\partial M_r'}$$

über in:

$$\text{I}^{a}) \ldots \left\{ \begin{matrix} M'_{r-2} \cdot a_{r-1} + M'_{r-1} \cdot b_r + M_r' \cdot c_r + M'_{r+1} b_{r+1} + M'_{r+2} \cdot a_{r+1} \\ - 3\,h\,(\alpha_r \cdot l_r' + \alpha_{r+1} l'_{r+1}) \end{matrix} \right\} = K_r$$

wobei:

$$\omega_r = \delta_r' + \frac{h}{E\,F_r^v}$$

$$a_r = \frac{6\,E\,I_c\,\omega_r}{l_r \cdot l_{r+1}}$$

$$b_r = l_r' - \frac{a_{r-1}}{l_r}(l_{r-1} + l_r) - \frac{a_r}{l_r}(l_r + l_{r+1})$$

$$c_r = 3\,(l_r' + l'_{r+1}) - (a_{r-1} + a_{r+1} + b_r + b_{r+1})$$

$$K_r = \begin{cases} -6\left(\dfrac{L_r}{l_r^2} \cdot l_r' + \dfrac{R_{r+1}}{l_{r+1}^2} \cdot l'_{r+1}\right) - 3\,\varepsilon\,E\,\dfrac{\Delta t}{d}\,(I_r\,l_r' + I_{r+1}\,l'_{r+1}) \\ -6\,E\,I_c\left(\dfrac{\delta_{0\,r-1}}{l_r} - \delta_{0\,r} \cdot \dfrac{l_r + l_{r+1}}{l_r \cdot l_{r+1}} + \dfrac{\delta_{0\,r+1}}{l_{r+1}}\right) \\ -C_{0\,r-1} \cdot a_{r-1} \cdot l_{r-1} + C_{0\,r} \cdot a_r\,(l_r + l_{r+1}) - C_{0\,r+1} \cdot a_{r+1} \cdot l_{r+2} \end{cases}$$

Denkt man sich alle Fußgelenke, bis auf eins, durch wagerecht bewegliche Lager ersetzt, nimmt also alle Werte $\alpha = 0$ an, so stimmt die soeben abgeleitete Gleichung mit der bekannten Fünfmomentengleichung des einfachen durchlaufenden Balkens auf elastisch senkbaren Stützen überein[1]). Für die Endfelder gelten die Gleichungen:

$$M_1\,c_1 + M_2\,b_2 + M_3\,a_2 - 3\,h\,(\alpha_1\,l_1' + \alpha_2\,l_2') = K_1$$

$$M_1\,b_2 + M_2\,c_2 + M_3\,b_3 + M_4\,a_3 - 3\,h\,(\alpha_2\,l_2' + \alpha_3\,l'_3) = K_2.$$

Zu beachten ist nur, daß für den im Gliede K_1 vorkommenden Ausdruck $a_0 = \dfrac{6\,E\,I_c\,\omega_0}{l_0\,l_1}$ die Strecke l_0 beliebig gewählt werden darf.

2. Entwicklung der Gleichung $\dfrac{\partial \mathfrak{A}}{\partial x_r} = \dfrac{\partial A_i}{\partial x_r}$.

Der partielle Belastungszustand $\alpha_r = +1$ ist in Abb. 8 dargestellt. Die Stützenwiderstände sind nur durch die Kraftgrößen H_{r-1} und H_r vertreten. Daher ergibt sich:

$$\frac{\partial \mathfrak{A}}{\partial \alpha_r} = -\Sigma \frac{\partial H_r}{\partial \alpha_r} \cdot \eta_r = -\Sigma \frac{\partial H_r}{\partial \alpha_r}(\eta_{0\,r} + H_r \cdot \eta_r').$$

---

[1]) Vgl. Müller-Breslau: „Statik der Baukonstruktionen", Bd. II. Abt. 2 S. 63 u. folg.

Hierzu liefern

$$H_{r-1} \text{ den Beitrag: } -1[\eta_{0\,r-1} + \eta'_{r-1}(\alpha_r - \alpha_{r-1})],$$

$$H_r \quad \text{„} \quad \text{„} \quad +1[\eta_{0\,r} + \eta_r'(\alpha_{r+1} - \alpha_r)].$$

Insgesamt:

$$\frac{\partial \mathfrak{A}}{\partial \alpha_r} = \eta_{0\,r} - \eta_{0\,r-1} + \alpha_{r-1} \cdot \eta'_{r-1} - \alpha_r(\eta'_{r-1} + \eta_r') + \alpha_{r+1} \cdot \eta_r'.$$

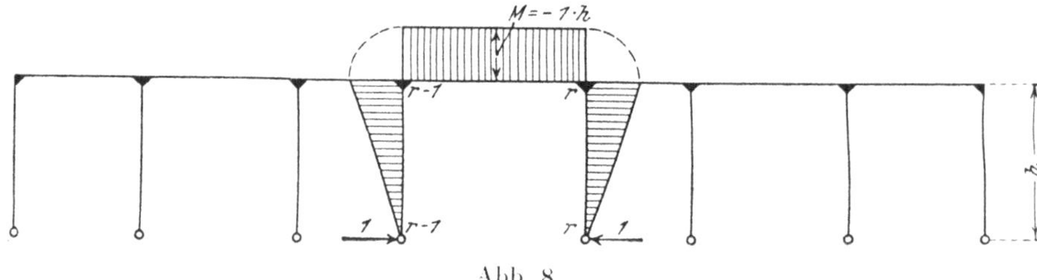

Abb. 8.

Der Ausdruck

$$\frac{\partial A_i}{\partial \alpha_r} = \int \frac{M}{EI} \frac{\partial M}{\partial \alpha_r} \cdot ds + \int \frac{N}{EF} \frac{\partial N}{\partial \alpha_r} ds + \int \varepsilon t_0 \frac{\partial N}{\partial \alpha_r} \cdot ds + \int \varepsilon \frac{\varDelta t}{d} \frac{\partial M}{\partial \alpha_r} ds$$

setzt sich aus den Beiträgen der 3 in Spannung gesetzten Stäbe des r^{ten} Feldes (Abb. 8) zusammen, und zwar erhält man

a) für den Riegel r:

$$6 E I_c \cdot \frac{\partial A_i}{\partial \alpha_r} = -h\, l_r' \left[6 \frac{\mathfrak{F}_r}{l_r} + 3(M'_{r-1} + M_r') - 6\, \alpha_r h \left(1 + \frac{I_r}{h^2 F_r}\right) + \right.$$
$$\left. + 6\, \varepsilon E I_r \left(\frac{t}{h} + \frac{\varDelta t}{d}\right)\right],$$

b) für den Ständer r — 1:

$$6 E I_c \cdot \frac{\partial A_i}{\partial \alpha_r} = -2 h^2 h'_{r-1}(\alpha_{r-1} - \alpha_r),$$

c) für den Ständer r:

$$6 E I_c \cdot \frac{\partial A_i}{\partial \alpha_r} = +2 h^2 h_r'(\alpha_r - \alpha_{r+1}).$$

Hierbei ist:

$$\mathfrak{F}_r = \int_0^{l_r} M_{0\,r} \cdot dx\ ^{1)}.$$

[1]) Dieser Ausdruck stellt den Inhalt der M_0-Fläche des r^{ten} Riegels dar.

Fassen wir alle Werte zusammen, so geht die Gleichung

$$6\,E\,I_c \cdot \frac{\partial \mathfrak{A}}{\partial \alpha_r} = 6\,E\,I_c \frac{\partial A_i}{\partial \alpha_r}$$

über in:

IIa) . . $3\,(M'_{r-1} + M_r') + \frac{1}{h\,l_r'}(\alpha_{r-1} \cdot u_{r-1} + \alpha_{r+1} \cdot u_r) -$

$$- \frac{\alpha_r}{h\,l_r'}(u_{r-1} + u_r + 6\,h^2\,l_r'') = \Theta_r$$

wobei

$$l_r'' = l_r'\left(1 + \frac{I_r}{h^2\,F_r}\right)$$

$$u_r = 2\,h^2\,h_r' + 6\,E\,I_c \cdot \eta_r'$$

$$\Theta_r = -6\,\frac{\mathfrak{F}_r}{l_r} - 6\,E\,I_r\left[\frac{\eta_{0\,r} - \eta_{0\,r-1}}{h\,l_r} + \varepsilon\left(\frac{t}{h} + \frac{\Delta t}{d}\right)\right].$$

Die Gleichungen des ersten bzw. des letzten Feldes lauten:

$$3\,M_1' - \frac{\alpha_1}{h\,l_1'}(u_0 + u_1 + 6\,h^2\,l_1'') + \alpha_2 \cdot \frac{u_1}{h\,l_1'} = \Theta_1$$

bzw.

$$3\,M'_{n-1} + \frac{\alpha_{n-1}}{h\,l_n'} \cdot u_{n-1} - \frac{\alpha_n}{h\,l_n'}(u_{n-1} + u_n + 6\,h^2\,l_n'') = \Theta_n.$$

Die Gleichung II a kann, wenn die Werte $M' = 0$ gesetzt werden, als die Dreimomentengleichung eines durchlaufenden Balkens angesehen werden, der nur wagerecht gestützt wäre, und dessen Stützenmomente $= \alpha_r\,h$ sein würden.

Die Gleichungen I a und II a haben alle Eigenschaften der bekannten Clapeyronschen Gleichungen; sie enthalten nur eine beschränkte Anzahl aufeinanderfolgender statisch unbestimmter Größen, welche sich nach einem ganz konstanten Gesetze gruppieren, so daß aus diesen Grundgleichungen unmittelbar alle Elastizitätsgleichungen abgeleitet werden können, wie groß auch die Anzahl der Felder, der Stützpunkte, der statisch unbestimmten Größen sein mag.

Wir haben nun alle zur Lösung der Aufgabe erforderlichen Gleichungen; es bleibt uns nur noch zu zeigen, daß es möglich ist, die Werte der Gruppe M' durch die Werte der Gruppe α auszudrücken, um zu einem homogenen α = Elastizitätsgleichungssystem zu gelangen.

Die Grundgleichung I a wird wie folgt zerlegt:

$$
\text{III)} \ldots \left\{
\begin{aligned}
& a_{r-1}(M'_{r-2} + M'_{r-1}) + a_{r+1}(M'_{r+1} + M'_{r+2}) \\
& \quad + (b_r - a_{r-1})(M'_{r-1} + M_r') + (b_{r+1} - a_{r+1})(M_r' + M_{r+1}) \\
& \quad + M_r'(c_r + a_{r-1} + a_{r+1} - b_r - b_{r+1}) \\
& = K_r + 3\,h\,(\alpha_r l_r' + \alpha_{r+1} \cdot l'_{r+1}).
\end{aligned}
\right.
$$

Ersetzt man die Klammerausdrücke der linken Seite durch die α-Werte der Grundgleichung II a und setzt zur Abkürzung

$$
b_r - a_{r-1} = f_r, \qquad b_r - a_r = f_r', \qquad c_r - f_r - f'_{r+1} = c_r',
$$

$$
\frac{1}{3\,h} \cdot \frac{a_{r-1}}{c_r' \cdot l'_{r-1}} = i_{r-1}, \qquad \frac{1}{3\,h} \cdot \frac{a_{r+1}}{c_r' \cdot l'_{r+2}} = k_{r+2},
$$

$$
\frac{1}{3\,h} \cdot \frac{f_r}{l_r' \cdot c_r'} = r_r, \qquad \frac{1}{3\,h} \cdot \frac{f'_{r+1}}{c_r' \cdot l'_{r+1}} = s_{r+1},
$$

$$
r_{r-1} + i_{r-1} - i_{r-2} = o_{r-1}, \qquad s_{r+1} + k_{r+1} - k_{r+2} = p_{r+1},
$$

$$
s_r + r_r - r_{r-1} - i_{r-1} = q_r, \qquad s_r + r_r - s_{r+1} - k_{r+1} = q_r',
$$

so liefert Gleichung III:

$$
\begin{aligned}
\text{IV)} \ldots \; M_r' = {} & \frac{K_r}{c_r'} - (\theta_{r-1} \cdot l'_{r-1} \cdot i_{r-1} + \theta_r \cdot l_r' \cdot r_r + \theta_{r+1} \cdot l'_{r+1} \cdot s_{r+1} + \theta_{r+2} \cdot l'_{r+2} \cdot k_{r+2}) \\
& + \alpha_{r-2} \cdot u_{r-2} \cdot i_{r-1} + \alpha_{r+3} \cdot u_{r+2} \cdot k_{r+2} \\
& - \alpha_{r-1}[u_{r-2} \cdot i_{r-1} - u_{r-1}(r_r - i_{r-1}) + 6\,h^2\, l''_{r-1} \cdot i_{r-1}] - \\
& \quad - \alpha_{r+2}[6\,h^2 \cdot l''_{r+2} \cdot k_{r+2} - u_{r+1}(s_{r+1} - k_{r+2}) + u_{r+2} \cdot k_{r+2}] \\
& + \alpha_r \left[u_{r-1}(i_{r-1} - r_r) + u_r(s_{r+1} - r_r) - 6\,h^2\, l_r'' \cdot r_r + 3\,h \cdot \frac{l_r'}{c_r'} \right] \\
& + \alpha_{r+1} \left[u_r(r_r - s_{r+1}) + u_{r+1}(k_{r+2} - s_{r+1}) - 6\,h^2\, l''_{r+1} \cdot s_{r+1} + 3\,h \cdot \frac{l'_{r+1}}{c_r'} \right]
\end{aligned}
$$

Führen wir diese Funktion in die Grundgleichung II^a, so erhalten wir ein Hauptgleichungssystem in der Form:

$$
\begin{aligned}
\text{V)} \ldots \; G_r = {} & - \alpha_{r-3} \cdot u_{r-3} \cdot i_{r-2} \\
& + \alpha_{r-2}(u_{r-3} \cdot i_{r-2} + 6\,h^2\, l''_{r-2} \cdot i_{r-2} - u_{r-2} \cdot o_{r-1}) \\
& + \alpha_{r-1} \left[u_{r-2} \cdot o_{r-1} + 6\,h^2\, l''_{r-1}(i_{r-1} + r_{r-1}) - u_{r-1} \cdot q_r - 3\,h \cdot \frac{l'_{r-1}}{c'_{r-1}} \right] \\
& + \alpha_r \left[u_{r-1} \cdot q_r + u_r \cdot q_r' + 6\,h^2\, l_r''(s_r + r_r) + 2\,h \cdot \frac{l_r''}{l_r'} - 3\,h\, l_r' \left(\frac{c'_{r-1} + c_r'}{c'_{r-1} \cdot c_r'} \right) \right] \\
& + \alpha_{r+1} \left[u_{r+1}\, p_{r+1} + 6\,h^2\, l''_{r+1}(s_{r+1} + k_{r+1}) - u_r \cdot q_r' - 3\,h \cdot \frac{l'_{r+1}}{c_r'} \right] \\
& + \alpha_{r+2}(u_{r+2} \cdot k_{r+2} + 6\,h^2\, l''_{r+2} \cdot k_{r+2} - u_{r+1} \cdot p_{r+1}) \\
& - \alpha_{r+3} \cdot u_{r+2} \cdot k_{r+2},
\end{aligned}
$$

wobei

$$G_r = \frac{K_{r-1}}{c'_{r-1}} + \frac{K_r}{c_r'} - h\,(\theta_{r-2} \cdot l'_{r-2} \cdot i_{r-2} + \theta_{r+2} \cdot l'_{r+2} \cdot k_{r+2})$$
$$- h\left[\theta_{r-1} \cdot l'_{r-1}\,(i_{r-1} + r_{r-1}) + \theta_r \cdot l_r'\left(r_r + s_r + \frac{1}{3\,h\,l_r'}\right) + \theta_{r+1} \cdot l'_{r+1}\,(k_{r+1} + s_{r+1})\right].$$

Handelt es sich um ein Rahmensystem mit gleich großen Feldern, gleich beschaffenen Ständern und Riegeln, so vereinfachen sich die Grundgleichungen sehr wesentlich. Statt der Gleichung I^a ergibt sich:

$$\text{I}^b) \ldots a\,(M'_{r+2} + M'_{r+2}) + (1 - 4\,a)\,(M'_{r-1} + M'_{r+1}) + M_r'\,(4 + 6\,a) =$$
$$= Z_r + 3\,h\,(\alpha_r + \alpha_{r+1}),$$

wobei

$$a = \frac{6\,E\,I_c\,\omega}{l^3}$$

$$Z_r = -\frac{6}{l_2}\,(L_r + R_{r+1}) - 6\,\varepsilon\,E\,I\,\frac{\Delta t}{d} - 6\,\frac{E\,I}{l^2}\,(\delta_{0\,r-1} - 2\,\delta_{0\,r} + \delta_{0\,r+1}) -$$
$$- a\,(C_{0\,r-1} - 2\,C_{0\,r} + C_{0\,r+1}).$$

Statt II^a:

$$\text{II}^b) \ldots M'_{r-1} + M_r' + v\,(\alpha_{r-1} + \alpha_{r+1}) - 2\,\alpha_r\left[v + h\left(1 + \frac{I}{h^2\,F}\right)\right] = \frac{\theta_r}{3}$$

wobei

$$v = \frac{u}{3\,h\,l}.$$

Statt V:

$$\text{V}^a) \ldots \varkappa_3\,(\alpha_{r-3} + \alpha_{r+3}) + \varkappa_2\,(\alpha_{r-2} + \alpha_{r+2}) + \varkappa_1\,(\alpha_{r-1} + \alpha_{r+1}) + \varkappa_0 \cdot \alpha_r = S_r,$$

wobei

$$\varkappa_3 = a\,v$$
$$\varkappa_2 = v - 6\,a\,v + 2\,a\,h\left(1 + \frac{I}{h^2\,F}\right)$$
$$\varkappa_1 = 3\,h + 15\,a\,v + 2\,v - 2\,h\,(1 - 4\,a)\left(1 + \frac{I}{h^2\,F}\right)$$
$$\varkappa_0 = 6\,h - 6\,v - 20\,a\,v - 2\,h\,(4 + 6\,a)\left(1 + \frac{I}{h^2\,F}\right).$$

$$S_r = {}^1/_3\,[a\,(\theta_{r-2} + \theta_{r+2}) + (1 - 4\,a)\,(\theta_{r-1} + \theta_{r+1}) + (4 + 6\,a)\,\theta_r] - (Z_{r-1} + Z_r)$$

Die Gleichungen V und V^a sind nur aus theoretischem Interesse in der streng genauen Fassung aufgestellt worden. Für die praktische Verwendung werden sie nur in den seltensten Fällen in Betracht kommen, da es meistens außerordentlich schwer ist, die Elastizitätsmasse δ' und η' der Stützung mit hinreichender Genauigkeit zu ermitteln.

Den Bedürfnissen der Praxis kann man jedenfalls genügend entsprechen, wenn man die Untersuchung ohne Rücksicht auf die Werte δ' und η' durchführt. Macht man auch von der fast immer zulässigen Annahme Gebrauch, daß der Anteil der Axialkräfte an der Formänderungsarbeit vernachlässigt werden darf, so können die Elastizitätsgleichungen bedeutend vereinfacht werden.

Die Gleichungen I^a und II^a gehen über in:

$$\text{I}^c) \ldots \quad M'_{r-1} \cdot \dot{l}_r + 2 M_r' (l_r' + l'_{r+1}) + M'_{r+1} l'_{r+1} = K_r + 3h(\alpha_r l_r' + \alpha_{r+1} l'_{r+1}).$$

$$\text{II}^c) \ldots \quad 3(M'_{r-1} + M_r') + \frac{2h}{l_r'}(\alpha_{r-1} \cdot h'_{r-1} + \alpha_{r+1} h_r') - \frac{2h}{l_r'} \cdot \alpha_r (h'_{r-1} + h_r' + 3 l_r') = \theta_r.$$

Aus I^c ergibt sich:

$$M_r' = \frac{K_r + 3h(\alpha_r l_r' + \alpha_{r+1} l'_{r+1}) - l_r'(M'_{r-1} + M_r') - l'_{r+1}(M_r' + M'_{r+1})}{l_r' + l'_{r+1}}.$$

Ersetzen wir die Klammerausdrücke $(M'_{r-1} + M_r')$, $(M_r' + M'_{r+1})$ durch die in Gleichung II^c angegebene α-Verbindung, und schreiben wir zur Abkürzung

$$\frac{l_r'}{l_r' + l'_{r+1}} = \lambda_r, \quad \frac{l_r'}{l'_{r-1} + l_r'} = \rho_r, \quad 1 + \lambda_r + \rho_r = \mu_r,$$

$$\frac{2h'_{r-1}}{l_r'} = \nu_r, \quad \frac{2h_r'}{l_r'} = \nu_r', \quad 3 - (\nu_r + \nu_r') = \nu_r'',$$

so erhalten wir statt Gleichung IV:

$$\text{IV}) \ldots \quad M_r' = \frac{K_r}{l_r' + l'_{r+1}} - \frac{1}{3}(\theta_r \cdot \lambda_r + \theta_{r+1} \cdot \rho_{r+1}) + \frac{h}{3}\Big[\alpha_{r-1} \cdot \nu_r \cdot \lambda_r$$
$$+ \alpha_{r+2} \cdot \nu'_{r+1} \cdot \rho_{r+1} + \alpha_r \cdot \lambda_r (3 - \nu_r) + \alpha_{r+1} \cdot \rho_{r+1} (3 - \nu'_{r+1})\Big]$$

und statt Gleichung V:

$$\text{VII}) \ldots \begin{cases} W_r = \alpha_{r-2} \cdot \nu_{r-1} \cdot \lambda_{r-1} + \alpha_{r+2} \cdot \nu'_{r+1} \cdot \rho_{r+1} \\ \quad \begin{Bmatrix} + \alpha_{r-1}(\lambda_{r-1} \cdot \nu''_{r-1} + \nu_r \cdot \mu_r) + \alpha_{r+1}(\rho_{r+1} \cdot \nu''_{r+1} + \nu_r' \cdot \mu_r) \\ + \alpha_r(\mu_r \cdot \nu''_r + \lambda_{r-1} \cdot \nu'_{r-1} + \rho_{r+1} \cdot \nu_{r+1} - 9) \end{Bmatrix} \\ = \dfrac{1}{h} \left| \begin{matrix} \theta_{r-1} \cdot l'_{r-1} \cdot \dfrac{\rho_r}{l_r'} + \theta_{r+1} \cdot l'_{r+1} \cdot \dfrac{\lambda_r}{l_r'} \\ + \theta_r \cdot \mu_r - 3\left(K_{r-1} \cdot \dfrac{\rho_r}{l_r'} + K_r \cdot \dfrac{\lambda_r}{l_r'}\right) \end{matrix} \right|. \end{cases}$$

Die Gleichungen der Endfelder lauten:

$$\text{VII}^a) \ldots \begin{cases} W_1 = \alpha_1[\nu_1''(1 + \lambda_1) + \rho_2 \nu_2 - 9] + \alpha_2[\rho_2 \cdot \nu_2'' + \nu_1'(1 + \lambda_1)] + \alpha_3 \cdot \rho_2 \cdot \nu_2' \\ = \dfrac{1}{h}\left\{\theta_1(1 + \lambda_1) + \theta_2 \cdot l_2' \cdot \dfrac{\lambda_1}{l_1'} - \dfrac{3K_1}{l_1' + l_2'}\right\}. \end{cases}$$

$$\text{VII}^{b}) \ldots \left\{ \begin{aligned} & W_2 = \alpha_1 (\lambda_1 \nu_1'' + \nu_2 \mu_2) + \alpha_2 (\mu_2 \nu_2'' + \lambda_1 \nu_1' + \rho_2 \nu_2 - 9) \\ & \qquad + \alpha_3 (\mu_2 \nu_2' + \rho_3 \nu_3'') + \alpha_4 \cdot \rho_3 \cdot \nu_3' \\ & = \frac{1}{h} \left\{ \theta_1 \cdot l_1' \cdot \frac{\rho_2}{l_2'} + \theta_2 \mu_2 + \theta_3 l_3' \cdot \frac{\lambda_2}{l_2'} - 3 \left(\frac{K_1}{l_1' + l_2'} + \frac{K_2}{l_2' + l_3'} \right) \right\}. \end{aligned} \right.$$

Für den Sonderfall eines Rahmensystems mit gleich großen Feldern und gleich beschaffenen Stützen und Riegeln ergibt sich ohne weiteres, wenn

$$2 \frac{h}{l} \cdot \frac{I}{I^{v}} = \nu$$

gesetzt wird, statt Gleichung VI:

$$\text{VIII}) \ldots M_r' = \frac{1}{2} \cdot \frac{K_r}{l} - \frac{1}{6} (\theta_r + \theta_{r+1}) + \frac{h}{6} \left[\nu (\alpha_{r-1} + \alpha_{r+2}) + (3 - \nu)(\alpha_r + \alpha_{r+1}) \right]$$

statt Gleichung VII:

$$\text{IX}^{a}) \ldots \quad \alpha_1 (9 + 5\nu) - \alpha_2 (3 + \nu) - \alpha_3 \nu = $$
$$= \frac{1}{h} (3 \frac{K_1}{l} - 3 \theta_1 - \theta_2)$$

$$\text{IX}^{b}) \ldots - (\alpha_1 + \alpha_3)(3 + 2\nu) + 6 \alpha_2 (1 + \nu) - \alpha_4 \nu = $$
$$= \frac{1}{h} \left[\frac{3}{l} (K_1 + K_2) - (\theta_1 + 4 \theta_2 + \theta_3) \right]$$

. . . .

$$\text{IX}) \ldots - \nu (\alpha_{r-2} + \alpha_{r+2}) - (3 + 2\nu)(\alpha_{r-1} + \alpha_{r+1}) + 6 \alpha_r (1 + \nu) = $$
$$= \frac{1}{h} \left[\frac{3}{l} (K_{r-1} + K_r) - (\theta_{r-1} + 4 \theta_r + \theta_{r+1}) \right]$$

Die homogene 5 gliedrige α-Gleichung, in der Form VII bzw. IX, kann als die typische Elastizitätsgleichung des durchlaufenden Rahmenträgers mit Fußgelenken angesehen werden; infolge ihrer so einfachen und klaren Gliederung ist sie für die unmittelbare praktische Anwendung besonders geeignet.

Weniger zweckmäßig ist in dieser Hinsicht eine zweite, vielfach in der Praxis bevorzugte Elastizitätsgleichung, deren Ableitung noch kurz gezeigt werden soll.

Setzt man

$$M_r' - h \alpha_r = X_r$$
$$M_r' - h \alpha_{r+1} = Y_r$$
$$H_r = \alpha_{r+1} - \alpha_r = \frac{X_r - Y_r}{h},$$

so lauten die Gleichungen der Biegungsmomente:

2a. für den rten Riegel $M_r = M_{0r} + Y_{r-1} + \frac{(X_r - Y_{r-1})\,x}{l_r}$

1a. für den rten Ständer $M_r^v = (Y_r - X_r)\,\frac{y}{h}$.

Schließt man jegliche Verschiebung der Stützpunkte und jegliche Temperaturänderung aus, vernachlässigt man ferner die Formänderungsarbeit der Axialkräfte und setzt alleinige lotrechte Belastung voraus, so lassen sich die Elastizitätsgleichungen in die Form

$$\int \frac{M}{EI} \cdot \frac{\partial M_r}{\partial X_r} \cdot ds = 0, \qquad \int \frac{M}{EI}\,\frac{\partial M}{\partial Y_r} \cdot ds = 0$$

bringen. Nach erfolgter Integration ergibt sich:

$$\textbf{X)}\ \ldots\ 2h_r'(Y_r - X_r) = 6\frac{L_r}{l_r^2} \cdot l_r' + l_r'\,(Y_{r-1} + 2X_r)$$

$$= -6\frac{R_{r+1}}{l_{r+1}^2} \cdot l_{r+1}' - l_{r+1}'(2Y_r + X_{r+1})$$

Hieraus erhält man

$$\textbf{XI)}\ \ldots\ Y_r = X_r \cdot n_{r+1} - \frac{X_{r+1}}{2} \cdot m_{r+1} - 3\frac{R_{r+1}}{l_{r+1}^2}\,m_{r+1},$$

wobei

$$m_r = \frac{l_r'}{h_{r-1}' + l_r'}, \quad n_r = \frac{h_{r-1}'}{h_{r-1}' + l_r'}, \quad m_r + n_r = 1.$$

Die Gleichungen X liefern auch:

$$\textbf{XII)}\ \ldots\ Y_{r-1} \cdot l_r' + 2\,(X_r\,l_r' + Y_r\,l_{r+1}') + X_{r+1}\,l_{r+1}' = -6\left(\frac{L_r}{l_r^2} \cdot l_r + \frac{R_{r+1}}{l_{r+1}^2}\,l_{r+1}'\right).$$

Drückt man nach Gleichung XI die Y-Werte durch die X-Werte aus, so geht Gleichung XII über in:

$$\textbf{XIII)}\ \ldots\ X_{r-1} \cdot l_r' \cdot n_r + 2X_r\left[l_r'\left(n_r + \frac{3}{4}\,m_r\right) + l_{r+1}' \cdot n_{r+1}\right] + X_{r+1} \cdot l_{r+1}' \cdot n_{r+1} = \Phi_r,$$

wobei

$$\Phi_r = -6\frac{L_r}{l_r^2} \cdot l_r' + 3\frac{R_r}{l_r^2} \cdot l_r' \cdot m_r - 6\frac{R_{r+1}}{l_{r+1}^2} \cdot l_{r+1}' \cdot n_{r+1}.$$

Die erste Elastizitätsgleichung lautet:

$$\textbf{XIIIa)}\ .\ 2X_1\left[l_1'\left(n_1 + \frac{3}{4}\,m_1\right) + l_2'\,n_2\right] + X_2 \cdot l_2' \cdot n_2 = -6\frac{L_1}{l_1^2}\,l_1' +$$

$$+ 3\frac{R_1}{l_1^2} \cdot l_1'\,m_1 - 6\frac{R_2}{l_2^2} \cdot l_2' \cdot n_2.$$

Aus der Gegenüberstellung der beiden Gleichungen

$$2\,h_n'\,X_n = -6\,\frac{L_n}{l_n^2}\cdot l_n' - l_n'\,(Y_{n-1} + 2\,X_n)$$

$$Y_{n-1} = X_{n-1}\cdot n_n - \frac{X_n}{2}\,m_n - 3\,\frac{R_n}{l_n^2}\cdot m_n,$$

ergibt sich als letzte Elastizitätsgleichung:

$$\text{XIII}^{b})\quad X_{n-1}\cdot l_n'\cdot n_n + 2\,X_n\left[\,l_n'\left(n_n + \frac{3}{4}\,m_n\right) + h_n'\right] = -\frac{6\,L_n}{l_n^2}\cdot l_n' + 3\,\frac{R_n}{l_n^2}\cdot l_n'\cdot m_n.$$

Sind n Felder vorhanden, so können n X-Gleichungen in der Form XIII aufgestellt werden, deren Auflösung alle X-Werte liefert; aus den letzteren werden schließlich die Y- und H-Werte errechnet. So einfach auch das X-Gleichungssystem sein mag, so scheint uns doch das α-Gleichungssystem den Vorzug zu verdienen, nicht nur weil seine Ableitung weniger an einschränkende Voraussetzungen gebunden ist, sondern hauptsächlich weil es bei symmetrisch ausgebildeten Trägern eine weit zweckmäßigere Ausnutzung der Symmetrie ermöglicht.

§ 2. Beispiel.

Der in Abb. 9 dargestellte Rahmenträger hat folgende Abmessungen:

$$l_1 = l_4 = 9{,}0\text{ m};\quad l_2 = l_3 = 12{,}0\text{ m};\quad h = 6{,}0\text{ m}.$$

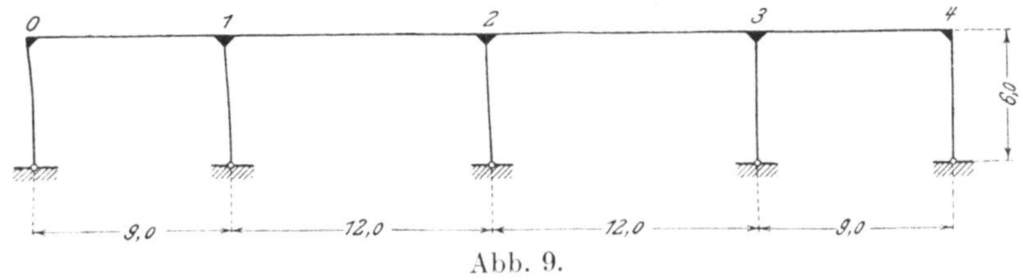

Abb. 9.

Es seien:

$$I_1 = I_4 = \frac{3}{4}\,I_c;\; I_2 = I_3 = I_c;\; I_0^v = I_4^v = \frac{I_c}{2};\; I_1^v = I_2^v = I_3^v = \frac{3}{4}\,I_c.$$

Mithin:

$$l_1' = l_2' = l_3' = l_4' = 12{,}0\text{ m};\; h_0' = h_4' = 12{,}0\text{ m};\; h_1' = h_2' = h_3' = 8{,}0\text{ m}.$$

$$\lambda_1 = \lambda_2 = \lambda_3 = \rho_2 = \rho_3 = \rho_4 = \frac{1}{2}.$$

$$\mu_1 = \mu_2 = \mu_3 = \mu_4 = 2.$$

$$\nu_1 = \nu_4' = 2;\ \nu_2 = \nu_3' = \frac{4}{3};\ \nu_3 = \nu_2' = \frac{4}{3};\ \nu_4 = \nu_1' = \frac{4}{3}$$

$$\nu_1'' = \nu_4'' = -\frac{1}{3};\ \nu_2'' = \nu_3'' = +\frac{1}{3}.$$

Entsprechend den Gleichungen VII lautet das α-Gleichungssystem:

$$\begin{aligned}
-\alpha_1 \cdot \frac{53}{6} + \alpha_2 \cdot \frac{13}{6} + \alpha_3 \cdot \frac{4}{6} \qquad\qquad &= W_1 \\
\alpha_1 \cdot \frac{15}{6} - \alpha_2 \cdot \frac{42}{6} + \alpha_3 \cdot \frac{17}{6} + \alpha_4 \cdot \frac{4}{6} &= W_2 \\
\alpha_1 \cdot \frac{4}{6} + \alpha_2 \cdot \frac{17}{6} - \alpha_3 \cdot \frac{42}{6} + \alpha_4 \cdot \frac{15}{6} &= W_3 \\
+ \alpha_2 \cdot \frac{4}{6} + \alpha_3 \cdot \frac{13}{6} - \alpha_4 \cdot \frac{53}{6} &= W_4
\end{aligned}$$

Die Auflösung liefert:

$$\begin{aligned}
\alpha_1 + \alpha_4 &= -\frac{25\,(W_1 + W_4) + 17\,(W_2 + W_3)}{167} \\
\alpha_1 - \alpha_4 &= -\frac{354\,(W_1 - W_4) + 54\,(W_2 - W_3}{3028} \\
\alpha_2 + \alpha_3 &= -\frac{19\,(W_1 + W_4) + 53\,(W_2 + W_3)}{167} \\
\alpha_2 - \alpha_3 &= -\frac{66\,(W_1 - W_4) + 318\,(W_2 - W_3)}{3028}.
\end{aligned}$$

Auf Grund dieser Formeln werden die verschiedenen Belastungsmöglichkeiten getrennt untersucht.

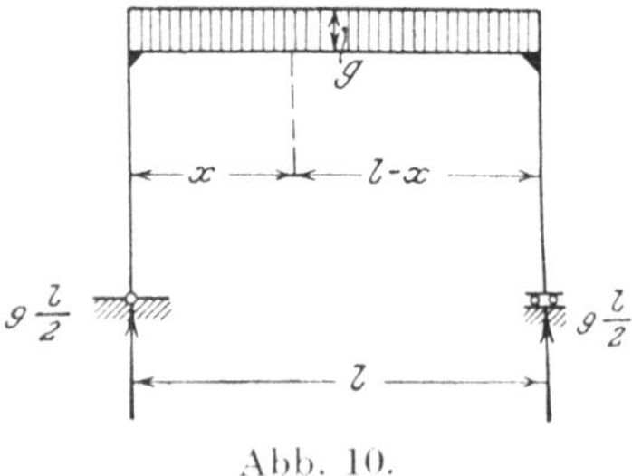

Abb. 10.

1. Einfluß einer gleichmäßigen totalen Belastung g t/m.

Die Biegungsmomente im Hauptsystem (Abb. 10) folgen der Gleichung:

$$M_0 = \frac{g}{2} \cdot x\,(l - x).$$

Man erhält daher

$$\mathfrak{F} = \int_0^l M_0 \, dx = g \cdot \frac{l^3}{12}$$

$$L = \int_0^l M_0 \, x \, dx = g \frac{l^4}{24}$$

$$R = \int_0^l M_0 \, (l - x) \, dx = g \frac{l^4}{24}.$$

Unter der Annahme, daß der Säulenquerschnitt groß genug ist, um die Koeffizienten $a_r = \frac{6 \, E \, I_c \, . \, \omega_r}{l_r \, . \, l_{r+1}}$ als verschwindend klein ansehen zu dürfen, ergibt sich:

$$K_1 = -6 \left(\frac{L_1}{l^2_2} \cdot l_1' + \frac{R_2}{l_2^2} \cdot l_2' \right) = -675 \, g = K_3$$

$$K_2 = -6 \left(\frac{L_2}{l_2^2} \, l_2' + \frac{R_3}{l_3^2} \cdot l_3' \right) = -864 \, g$$

$$\theta_1 = -6 \frac{\mathfrak{F}_1}{l_1} = -40{,}5 \, g = \theta_4$$

$$\theta_2 = -6 \frac{\mathfrak{F}_2}{l_2} = -72{,}0 \, g = \theta_3.$$

Es ist nun

$$W_1 = \frac{1}{h} \left[\theta_1 \, (1 + \lambda_1) + \theta_2 \cdot l_2' \cdot \frac{\lambda_1}{l_1'} - \frac{3 \, K_1}{l_1' + l_2'} \right] = -2{,}065 \, g = W_4$$

$$W_2 = \frac{1}{h} \left[\theta_1 \cdot l_1' \cdot \frac{\rho_2}{l_2'} + \theta_2 \, \mu_2 + \theta_3 \cdot l_3' \cdot \frac{\lambda_2}{l_2'} - 3 \left(\frac{K_1}{l_1' + l_2'} + \frac{K_2}{l_2' + l_3'} \right) \right] = -1{,}311 \, g = W_3.$$

Mithin

$$\alpha_1 + \alpha_4 = 0{,}884 \, g \qquad \alpha_1 - \alpha_4 = 0$$
$$\alpha_2 + \alpha_3 = 1{,}302 \, g \qquad \alpha_2 - \alpha_3 = 0$$
$$\alpha_1 = \alpha_4 = 0{,}442 \, g \qquad \alpha_2 = \alpha_3 = 0{,}651 \, g.$$

Nach Gleichung VI erhält man ferner:

$$M_1' = \frac{K_1}{l_1' + l_2'} - \frac{1}{3} (\theta_1 \, \lambda_1 + \theta_2 \, \rho_2) + \frac{h}{3} [\alpha_1 \, \lambda_1 \, (3 - \nu_1) + \alpha_2 \, \rho_2 \, (3 - \nu_2') + \alpha_3 \, \rho_2 \, \nu_2'] = -6{,}98 \, g = M_3'$$

$$M_2' = \frac{K_2}{l_2' + l_3'} - \frac{1}{3} \, (\theta_2 \, \lambda_2 + \theta_3 \, \rho_3) + \frac{h}{3} [\alpha_1 \, \lambda_2 \, \nu_2 + \alpha_4 \, \rho_3 \, \nu_3' + \alpha_2 \, \lambda_2 \, (3 - \nu_2) + \alpha_3 \, \rho_3 \, (3 - \nu_3')] = -8{,}65 \, g.$$

Bezeichnet man nach Abb. 11 mit M_r bzw. $\mathfrak{M}_r$ die links bzw. rechts vom Knotenpunkt r wirkenden Momente, und mit $\mathfrak{M}_r^m$ die Momente in der Riegelmitte des r^{ten} Feldes, so werden:

$$\mathfrak{M}_0 = -\alpha_1 h = -2{,}652 \qquad \mathfrak{M}_1 = M_1' - \alpha_2 h = -10{,}886\,g$$

$$M_1 = M_1' - \alpha_1 h = -9{,}632\,g \qquad M_2 = \mathfrak{M}_2 = M_2' - \alpha_2 h = -12{,}556\,g.$$

$$\mathfrak{M}_1^m = g\frac{l_1^2}{8} + \frac{\mathfrak{M}_0 + M_1}{2} = 3{,}983\,g$$

$$\mathfrak{M}_2^m = g\frac{l_2^2}{8} + \frac{\mathfrak{M}_1 + M_2}{2} = 6{,}279\,g$$

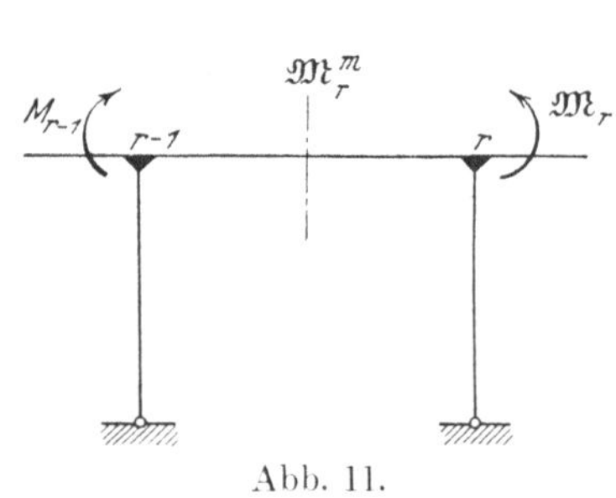

Abb. 11.

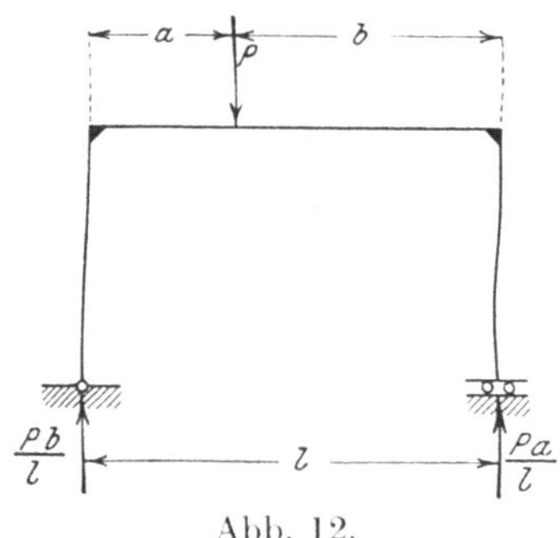

Abb. 12.

2. Einfluß einer im ersten Felde wandernden Last P.

Die Gleichung der Momentenfläche des Hauptsystems ist nach Abb. 12

$$\text{für } x < a, \quad M_0 = \frac{P\,b}{l}\,x$$

$$\text{,, } x > a, \quad M_0 = \frac{P\,a}{l}(l - x).$$

Daher:

$$\mathfrak{F}_1 = \int_0^{l_1} M_0\,dx = \frac{P\,a\,b}{2}\,; \quad \mathfrak{F}_2 = \mathfrak{F}_3 = \mathfrak{F}_4 = 0$$

$$\frac{L_1}{l_1^2} = \int_0^{l_1} M_0 \frac{x\,dx}{l_1^2} = \frac{P\,a\,b}{6\,l_1^2}(l_1 + a);\ L_2 = L_3 = L_4 = 0$$

$$\frac{R_1}{l_1^2} = \int_0^{l_1} M_0 \frac{(l_1 - x)\,dx}{l_1^2} = \frac{P\,a\,b}{6\,l_1^2}(l_1 + b);\ R_2 = R_3 = R_4 = 0.$$

$$K_1 = -6\frac{L_1}{l_1^2}\cdot l_1' = -4\,P\,a\,b\left(\frac{1}{3} + \frac{a}{27}\right);\ K_2 = K_3 = 0$$

$$\theta_1 = -6\frac{\mathfrak{F}_1}{l_1} = -\frac{P\,a\,b}{3};\ \theta_2 = \theta_3 = \theta_4 = 0.$$

$$W_1 = \frac{1}{h}\left[\theta_1(1+\lambda_1) - \frac{3K_1}{l_1'+l_2'}\right] = -\frac{P\,a\,b}{432}\left(24 - \frac{4}{3}a\right)$$

$$W_2 = \frac{1}{h}\left[\theta_1 l_1' \cdot \frac{\rho_2}{l_2'} - \frac{3K_1}{l_1'+l_2}\right] = \frac{1}{324}\cdot P\,a^2\,b;\ W_3 = W_4 = 0.$$

$$\alpha_1 + \alpha_4 = \frac{P\,a\,b}{54\cdot 1002}(450 - 42\,a);\ \alpha_1 - \alpha_4 = \frac{P\,a\,b}{54\cdot 3028}(1062 - 68\,a)$$

$$\alpha_2 + \alpha_3 = \frac{P\,a\,b}{54\cdot 1002}(342 - 72\,a);\ \alpha_2 - \alpha_3 - \frac{P\,a\,b}{54\cdot 3028}(198 - 64\,a).$$

Die Ordinaten der α-Linien werden nach diesen Gleichungen errechnet. Die Zahlenwerte sind in der folgenden Tabelle zusammengestellt.

a	b	$\alpha_1 + \alpha_4$	$\alpha_1 - \alpha_4$	$\alpha_2 + \alpha_3$	$\alpha_2 - \alpha_3$
1,0	8,0	+ 0,0605 P	+ 0,0489 P	+ 0,0400 P	+ 0,00656 P
2,0	7,0	+ 0,0945 „	+ 0,0795 „	+ 0,05125 „	+ 0,00615 „
4,5	4,5	+ 0,0975 „	+ 0,0935 „	+ 0,00673 „	— 0,01115 „
7,0	2,0	+ 0,04 „	+ 0,0502 „	— 0,042 „	— 0,0214 „
8,0	1,0	+ 0,01685 „	+ 0,0254 „	— 0,0346 „	— 0,01535 „

a	b	$2\,\alpha_1$	$2\,\alpha_4$	$2\,\alpha_2$	$2\,\alpha_3$
1,0	8,0	+ 0,1094 P	+ 0,0116 P	+ 0,04656 P	+ 0,03344 P
2,0	7,0	+ 0,174 „	+ 0,015 „	+ 0,0574 „	+ 0,0451 „
4,5	4,5	+ 0,191 „	+ 0,004 „	— 0.0044 „	+ 0,01786 „
7,0	2,0	+ 0,0902 „	— 0,0102 „	— 0,0634 „	— 0,0206 „
8,0	1,0	+ 0,04225 „	— 0,00855 „	— 0,0206 „	— 0,01925 „

Aus den α-Linien können die übrigen Einflußlinien abgeleitet werden. Es ist beispielsweise:

$$M_1' = \frac{K_1}{l_1'+l_2'} - \frac{1}{3}\theta_1\cdot\lambda_1 + \frac{h}{3}[\alpha_1\cdot\lambda_1(3-\nu_1) + \alpha_2\cdot\rho_2(3-\nu_2) + \alpha_3\cdot\rho_2\cdot\nu_2'] =$$

$$= -\frac{P\,a^2\,b}{162} + \frac{1}{3}(3\,\alpha_1 + 5\,\alpha_2 + 4\,\alpha_3)$$

$$M_1 = M_1' - h\,\alpha_1 = M_1' - 6\,\alpha_1$$

$$\mathfrak{M}_1 = M_1' - h\,\alpha_2 = M_1' - 6\,\alpha_2.$$

3. Einfluß einer gleichmäßigen Temperaturänderung t_0.

Es sei $\varepsilon E I t_0 = u$ gesetzt.

Unter denselben Voraussetzungen wie vorhin, ergibt sich:

$$K_1 = K_2 = K_3 = 0.$$

$$\theta_1 = -6\frac{u}{h}\cdot\frac{I_1}{I_c} = -\frac{3}{4}u = \theta_4;\ \theta_2 = -6\frac{u}{h}\cdot\frac{I_2}{I_c} = -6\frac{u}{h} = -u = \theta_2.$$

$$W_1 = W_4 = \frac{1}{h}\left[\theta_1(1+\lambda_1) + \theta_2\cdot l_2'\cdot\frac{\lambda_1}{l_2'}\right] = -\frac{117}{432}u$$

$$W_2 = W_3 = \frac{1}{h}\left[\theta_1\cdot l_1'\cdot\frac{\rho_2}{l_2'} + \theta_2\cdot\mu_2 + \theta_3\cdot l_3'\cdot\frac{\lambda_2}{l_2'}\right] = -\frac{207}{432}u.$$

$$\alpha_1 = \alpha_4 = 0{,}089\,u$$

$$\alpha_2 = \alpha_3 = 0{,}183\,u.$$

$$M_1' = -\frac{1}{3}(\theta_1\lambda_1 + \theta_2\rho_2) + $$
$$+\frac{h}{3}[\alpha_1\lambda_1(3-\nu_1) + \alpha_2\rho_2(3-\nu_2') + \alpha_3\rho_2\nu_2'] = +0{,}93\,u = M_3'$$

$$M_2' = -\frac{1}{3}(\theta_2\lambda_2 + \theta_3\rho_3) + $$
$$+\frac{h}{3}[\alpha_1\lambda_1\nu_2 + \alpha_4\cdot\rho_3\nu_3' + \alpha_2\lambda_2(3-\nu_3) + \alpha_3\rho_3(3-\nu_3')] = +1{,}17\,u$$

$$M_1 = M_1' - \alpha_1 h = 0{,}396\,u$$

$$\mathfrak{M}_1 = M_1' - \alpha_2 h = -0{,}168\,u$$

$$M_2 = M_2' - \alpha_2 h = +0{,}072\,u = \mathfrak{M}_2.$$

4. Einfluß einer ungleichmäßigen Erwärmung des Riegels.

Es sei $\varepsilon E I_c \frac{\Delta t}{d} = m$ gesetzt.

Es werden:

$$K_1 = K_3 = -3m(l_1 + l_2) = -63\,m$$

$$K_2 = -3m(l_2 + l_3) = -72\,m$$

$$\theta_1 = \theta_4 = -6m\frac{I_1}{I_c} = -4{,}5\,m;\quad \theta_2 = \theta_3 = -6m\frac{I_2}{I_c} = -6\,m$$

$$W_1 = W_4 = -\frac{135}{432}m;\ W_2 = W_3 = -\frac{27}{432}m$$

$$\alpha_1 = \alpha_4 = 0{,}053\,m;\quad \alpha_2 = \alpha_3 = 0{,}0555\,m$$

$$M_1' = -0{,}655\,m;\quad M_2' = -0{,}674\,m$$

$$M_1 = -0{,}973\,m;\quad \mathfrak{M}_1 = -0{,}988\,m;\quad M_2 = \mathfrak{M}_2 = -1{,}007\,m.$$

5. Bemerkung.

Es sei hier kurz darauf hingewiesen, daß, bei Rahmenkonstruktionen die Temperaturänderungen nicht unbedeutende Zusatzspannungen hervorrufen; ihr Einfluß ist bei kurzen und kräftig ausgebildeten Ständern ganz besonders bemerkbar, und wächst mit zunehmender Felderanzahl. Die größten Beanspruchungen konzentrieren sich in den Knotenpunkten, und zwar bei den Säulenköpfen im Falle einer gleichmäßigen, bei den Riegelenden im Falle einer ungleichmäßigen Temperaturänderung. Eine sorgfältige Berücksichtigung des Temperatureinflusses ist für eine genaue Querschnittsbemessung unerläßliche Bedingung.

§ 3. Ableitung der Grundgleichungen für wagerechte Kräfte.

Als wagerechte Belastung kommen für Rahmenkonstruktionen hauptsächlich Wind- und Bremskräfte in Betracht.

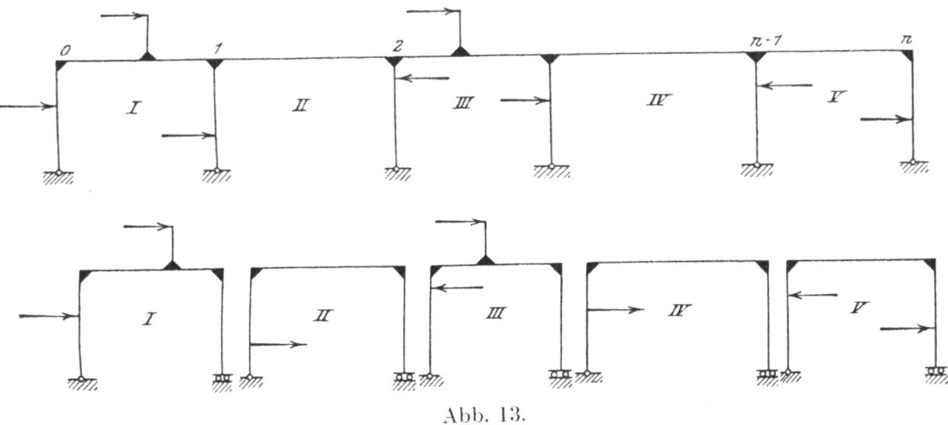

Abb. 13.

Die Zerlegung des Trägergebildes und die Verteilung der Kräfte auf die einzelnen Hauptsysteme sind in Abb. 13 dargestellt. Die wagerechte Belastung des r^{ten} Ständers wird dem linken Ständer des $(r + 1)^{ten}$ Hauptsystems zugewiesen.

Mit C_{0r} bzw. H_{0r} werden diejenigen Werte bezeichnet, welche die Widerstände C_r bzw. H_r annehmen würden, wenn die Felder R und (R + 1) einfache, unabhängige Rahmen wären.

Die Beziehungen zwischen den statisch unbestimmten Größen M′ und den Werten C werden wie im Abschnitt 1, § 1 durch die Grundgleichung

$$A. \quad \ldots\ldots \quad C_r = C_{or} + \frac{M'_{r-1}}{l_r} - \frac{M_r'}{l_r \cdot l_{r+1}}(l_r + l_{r+1}) + \frac{M_{r+1}}{l_{r+1}}$$

definiert, während für α und H die Gleichungen

$$
B. \ldots \left\{
\begin{array}{l}
H_0 = \alpha_1 - H_{00} \\
H_1 = (\alpha_2 - \alpha_1) - H_{01} \\
H_2 = (\alpha_3 - \alpha_2) - H_{02} \\
\cdots\cdots\cdots\cdots \\
H_r = (\alpha_{r+1} - \alpha_r) - H_{or} \\
\cdots\cdots\cdots\cdots \\
H_{n-1} = (\alpha_n - \alpha_{n-1}) - H_{on-1} \\
H_n = -\alpha_n
\end{array}
\right.
$$

gelten.

Die Biegungsmomente und Achsialkräfte genügen den Gleichungen:

$$
\left.\begin{array}{l}
M_r = M_{or} + M'_{r-1} + \dfrac{M_r' - M'_{r-1}}{l_r} \cdot x - \alpha_r h \\
N_r = N_{or} - \alpha_r
\end{array}\right\} \text{für den } r^{\text{ten}} \text{ Riegel,}
$$

bzw.

$$
\left.\begin{array}{l}
M_r^v = M_{or}^v - y(\alpha_{r+1} - \alpha_r) \\
N_r^v = -C_{or} + M_r' \dfrac{(l_r + l_{r+1})}{l_r \cdot l_{r+1}} - \dfrac{M'_{r-1}}{l_r} - \dfrac{M'_{r+1}}{l_{r+1}}
\end{array}\right\} \text{für den } r^{\text{ten}} \text{ Ständer.}
$$

Hierbei beziehen sich M_{0r}, M_{0r}^v, N_{0r} auf den Belastungszustand des jeweiligen Hauptsystems.

Die Grundgleichungen

$$
\frac{\partial \mathfrak{A}}{\partial M_r} = \frac{\partial A_i}{\partial M_r'}, \text{ bzw. } \frac{\partial \mathfrak{A}}{\partial \alpha_r} = \frac{\partial A_i}{\partial \alpha_r}
$$

liefern nach Durchführung der Integration, wie in § 1:

$$
\text{XIV)} \ldots M'_{r-2} \cdot a_{r-1} + M'_{r-1} \cdot b_r + M_r' \, c_r + M'_{r+1} \, b_{r+1} + \\
+ M'_{r+2} \cdot a_{r+1} - 3\,h\,(\alpha_r \, l_r' + \alpha_{r+1} \, l'_{r+1}) = K_r.
$$

$$
\text{XV)} \ldots \left\{
\begin{array}{l}
3(M'_{r-1} + M_r') + \dfrac{1}{h\,l_r'}(\alpha_{r-1} \cdot u_{r-1} + \alpha_{r+1} \cdot u_r) - \dfrac{\alpha_r}{h\,l_r'}(u_{r-1} + u_r + 6\,h^2 l_r'') = \\
\qquad = \vartheta_r - 6\,\mathfrak{N}_r \cdot \dfrac{l_r}{h\,F_r} - \dfrac{6\,h'_{r-1}}{h^2 l_r'} \cdot \mathfrak{S}_{r-1} + \dfrac{6\,h_r'}{h^2 l_r'} \cdot \mathfrak{S}_r + \\
\qquad + \dfrac{6\,E\,I_r}{h\,l_r'}(H_{or} \cdot \eta_r' - H_{or-1} \cdot \eta'_{r-1})
\end{array}
\right.
$$

Die hinzugekommenen Glieder bedeuten:

$$
\mathfrak{N}_r = \int_0^{l_r} N_{or} \, dx
$$

den Inhalt der N_{0r}-Fläche des r^{ten} Riegels,

$$\mathfrak{S}_r = \int_0^{h_r} M^v_{or} \cdot y\, dy$$

das statische Moment der M^v_{0r}-Fläche des r^{ten} Ständers in bezug auf den r^{ten} Stützpunkt.

Im übrigen sind die Elastizitätsgleichungen mit den früher abgeleiteten vollständig identisch.

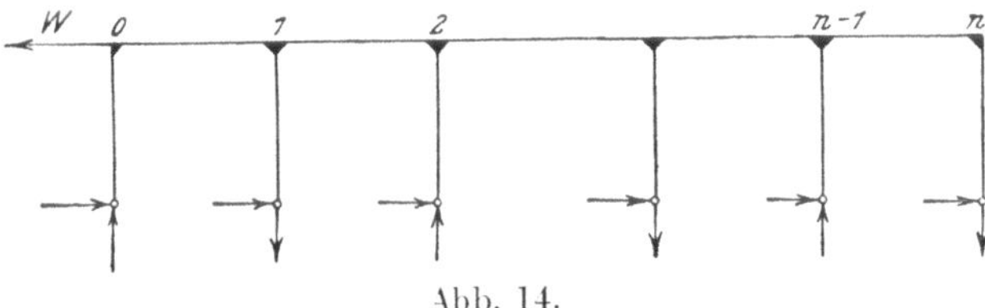

Abb. 14.

Im Sonderfall einer in der Riegelachse angreifenden wagerechten Kraft W (Abb. 14), kann mit Vorteil folgender Weg eingeschlagen werden.

Setzt man:

$$C_0 = \frac{M_1'}{l_1}$$

$$C_1 = -\frac{M_1'(l_1 + l_2)}{l_1 l_2} + \frac{M_2'}{l_2}$$

$$C_2 = \frac{M_1'}{l_2} - M_2' \frac{(l_2 + l_3)}{l_2 l_3} + \frac{M_3'}{l_3}$$

. . . .

$$C_m = \frac{M'_{m-1}}{l_m} - M'_m \frac{(l_m + l_{m+1})}{l_m \cdot l_{m+1}} + \frac{M'_{m+1}}{l_{m+1}}$$

. . . .

$$C_{n-1} = \frac{M'_{n-2}}{l_{n-1}} - M'_{n-1} \frac{(l_{n-1} + l_n)}{l_{n-1} \cdot l_n} + \frac{M_n'}{l_n}$$

$$C_n = \frac{M'_{n-1} - M_n'}{l_n}$$

$$H_0 = \alpha_1$$

$$H_1 = \alpha_2 - \alpha_1$$

. . . .

$$H_m = \alpha_{m+1} - \alpha_m$$

. . . .

$$H_{n-1} = \alpha_n - \alpha_{n-1}$$

$$H_n = \alpha_{n+1} - \alpha_n,$$

so gelten wieder die allgemeinen Elastizitätsgleichungen I^a und II^a; in denselben sind für α_{n+1} und M_n' die aus den äußeren Gleichgewichtsbedingungen

$$\alpha_{n+1} - W = 0$$

$$M_n' - \alpha_{n+1} \cdot h = 0$$

hervorgehenden Werte einzuführen, während im übrigen sämtliche Belastungsglieder K_r und Θ_r verschwinden.

Der Gang der Bechnung möge an einem einfachen Beispiel erläutert werden.

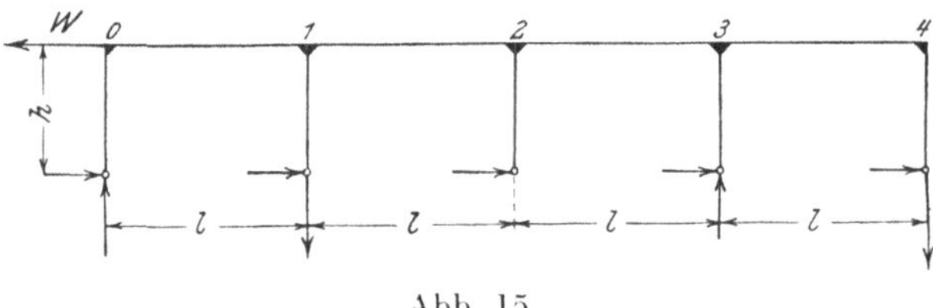

Abb. 15.

Beispiel. Der in Abb. 15 skizzierte Rahmen hat 4 gleiche Felder, mit gleich beschaffenen Riegeln und Ständern. Vernachlässigen wir den Einfluß der Achsialkräfte auf die Formänderungsarbeit, so lauten die Elastizitätsgleichungen:

$$4\,M_1' + M_2' = 3\,h\,(\alpha_1 + \alpha_2)$$

$$M_1' + 4\,M_2' + M_3' = 3\,h\,(\alpha_2 + \alpha_3)$$

$$M_2' + 4\,M_3' + M_4' = 3\,h\,(\alpha_3 + \alpha_4)$$

$$\frac{3\,M_1'}{h\,\nu} = 2\,\alpha_1\left(1 + \frac{3}{\nu}\right) - \alpha_2$$

$$3\left(\frac{M_1' + M_2'}{h\,\nu}\right) = -\,\alpha_1 + 2\,\alpha_2\left(1 + \frac{3}{\nu}\right) - \alpha_3$$

$$3\left(\frac{M_2' + M_3'}{h\,\nu}\right) = -\,\alpha_2 + 2\,\alpha_3\left(1 + \frac{3}{\nu}\right) - \alpha_4$$

$$3\left(\frac{M_3' + M_4'}{h\,\nu}\right) = -\,\alpha_3 + 2\,\alpha_4\left(1 + \frac{3}{\nu}\right) - \alpha_5,$$

wobei

$$\nu = 2\,\frac{h}{l} \cdot \frac{I}{I_v} \quad \text{(Vgl. Gl. I}^c \text{ u. II}^c\text{, S. 14).}$$

Die Gleichgewichtsbedingungen liefern:

$$\alpha_5 = W; \quad M_4' = W\,h.$$

Durch Zusammenfassung aller dieser Gleichungen entsteht folgendes Gleichungssystem:

$$+ \alpha_1 (9 + 5\nu) - \alpha_2 (3 + \nu) - \alpha_3 \nu = 0$$

$$- \alpha_1 (3 + 2\nu) + 6\alpha_2 (1 + \nu) - \alpha_3 (3 + 2\nu) - \alpha_4 \nu = 0$$

$$- \alpha_1 \cdot \nu - \alpha_2 (3 + 2\nu) + 6\alpha_3 (1 + \nu) - \alpha_4 (3 + 2\nu) = W\nu$$

$$- \alpha_2 \nu - \alpha_3 (3 + \nu) + \alpha_4 (9 + 5\nu) = W (6 + 3\nu)$$

(Vgl. Gleichung IX, S. 15).

Hieraus:

$$\alpha_1 + \alpha_4 = \alpha_2 + \alpha_3 = + W$$

$$\alpha_1 - \alpha_4 = 3W \cdot \frac{\nu + (9 + 8\nu)(2 + \nu)}{(9 + 3\nu) - (9 + 5\nu)(9 + 8\nu)};$$

$$\alpha_2 - \alpha_3 = W (2 + \nu) + \frac{(\alpha_1 - \alpha_4)}{3} (9 + 5\nu).$$

Für $\nu = 6$ ergibt sich beispielsweise:

$$\alpha_1 - \alpha_4 = - 0{,}632\,W; \quad \alpha_2 - \alpha_3 = - 0{,}216\,W.$$

$$\alpha_1 = 0{,}184\,W, \quad H_0 = 0{,}184\,W$$

$$\alpha_2 = 0{,}392\,W, \quad H_1 = 0{,}208\,W$$

$$\alpha_3 = 0{,}608\,W, \quad H_2 = 0.216\,W$$

$$\alpha_4 = 0{,}816\,W, \quad H_3 = 0{,}208\,W$$

$$\alpha_5 = 1{,}0\ \ W, \quad H_6 = 0.184\,W$$

Aus den 3 ersten M'-Elastizitätsgleichungen erhält man nun:

$M_1' = + 0{,}307\,W\,h$, $M_2' = + 0{,}5\,W\,h$, $M_3' = 0{,}693\,W\,h$, $M_4' = 1{,}0\,W\,h$.

Somit betragen die Stützenmomente:

$$\mathfrak{M}_0 = - M_4 = - 0{,}184\,W\,h$$

$$M_1 = - \mathfrak{M}_3 = + 0.123\,W\,h$$

$$\mathfrak{M}_1 = - M_3 = - 0{,}085\,W\,h$$

$$M_2 = - \mathfrak{M}_2 = + 0{,}108\,W\,h$$

und die lotrechten Stützendrücke:

$$C_0 = - C_4 = + W \cdot \frac{h}{l} \cdot 0{,}307$$

$$C_1 = - C_3 = - W \cdot \frac{h}{l} \cdot 0{,}114$$

$$C_2 = \pm 0$$

II. Abschnitt.

Rahmenträger mit wagerechtem Riegel und gleich hohen lotrechten Ständern, welche am unteren Ende eingespannt sind.

§ 1. Entwicklung der Grundgleichungen.

Das in Abb. 16 dargestellte Rahmensystem besteht aus einem geraden vollwandigen Riegel, welcher mit den Ständern starr verbunden ist.

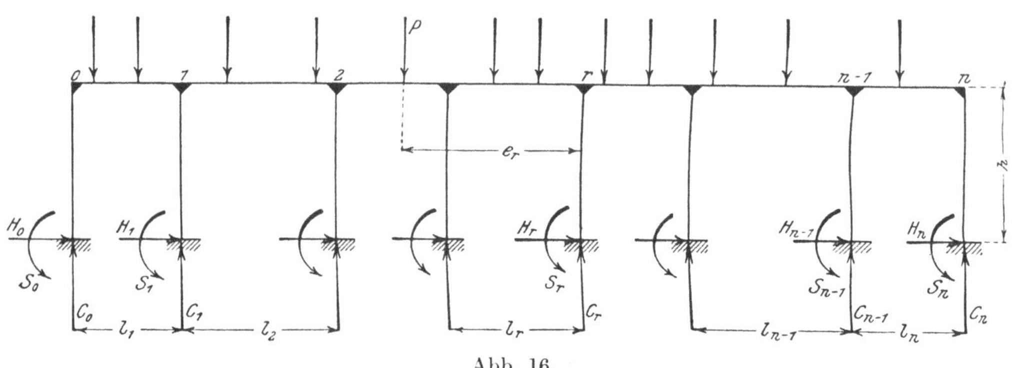

Abb. 16.

Der durch die Einspannung hervorgerufene Widerstand ist durch 3 Kraftgrößen, den lotrechten Stützendruck C_r, den wagerechten Schub H_r und das Einspannungsmoment S_r definiert.

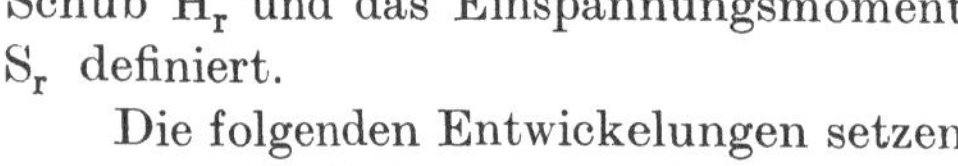

Die folgenden Entwickelungen setzen nur lotrechte Belastung des Riegels voraus: die Wirkung wagerechter Lasten wird in § 3 näher untersucht.

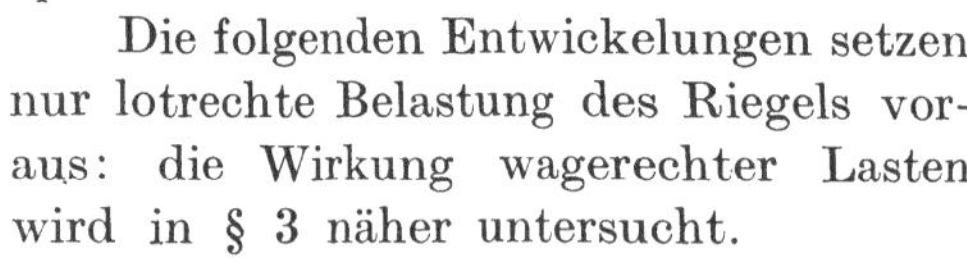

Als Hauptsystem führen wir, wie im vorigen Abschnitt, für jedes Feld R einen Stabzug i i′ k k′ (Abb. 17) in der Form eines einfachen Rahmens mit einem festen und einem beweglichen Lager ein, und bezeichnen die entsprechenden Auflagerdrücke und Riegungsmomente mit A_r, B_r und M_{0r}.

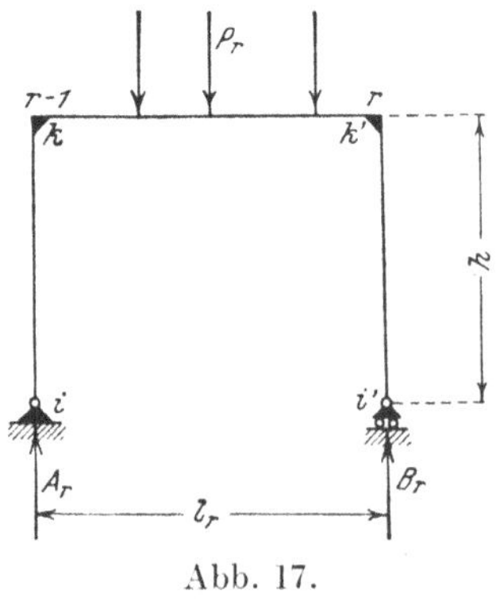

Abb. 17.

Aus den Stützenwiderständen bilden wir 3 Gruppen von Funktionen.

1. Gruppe A mit n Gliedern.

$$M_1' = C_0 l_1 - \Sigma P e_1$$

$$M_2' = C_0 (l_1 + l_2) + C_1 l_2 - \Sigma P e_2$$

$$M_3' = C_0 (l_1 + l_2 + l_3) + C_1 (l_2 + l_3) + C_2 l_3 - \Sigma P e_3$$

. . . .

$$M_r' = C_0 (l_1 + l_2 + \ldots + l_r) + C_1 (l_2 + l_3 + \ldots + l_r) + \ldots + C_{r-1} \cdot l_r - \Sigma P e_r.$$

Unter $\Sigma P e_r$ ist hierbei das statische Moment der links vom Punkte r befindlichen Lasten P in bezug auf denselben verstanden.

2. Gruppe B mit n Gliedern.

$$\alpha_1 = H_0$$

$$\alpha_2 = H_0 + H_1$$

$$\alpha_3 = H_0 + H_1 + H_2$$

. . . .

$$\alpha_r = H_0 + H_1 + H_2 + \ldots + H_{r-1}.$$

3. Gruppe C mit n Gliedern.

$$\beta_1 = S_0$$

$$\beta_2 = S_0 + S_1$$

$$\beta_3 = S_0 + S_1 + S_2$$

. . . .

$$\beta_r = S_0 + S_1 + S_2 + \ldots + S_{r-1}.$$

Den n Feldern entsprechen insgesamt 3 n Funktionen. Zwischen den Werten M′, α, β und den Stützenwiderständen bestehen auch die folgenden Beziehungen:

$$A. \ldots \left\{ \begin{aligned} C_0 &= C_{0\,0} + \frac{M_1'}{l_1} \\ C_1 &= C_{0\,1} - M_1' \left(\frac{l_1 + l_2}{l_1 l_2} \right) + \frac{M_2'}{l_2} \\ C_2 &= C_{0\,2} + \frac{M_1'}{l_2} - M_2' \left(\frac{l_2 + l_3}{l_2 l_3} \right) + \frac{M_3'}{l_3} \\ &\ldots\ldots\ldots\ldots\ldots\ldots\ldots \\ C_m &= C_{0\,m} + \frac{M'_{m-1}}{l_m} - M_m' \left(\frac{l_m + l_{m+1}}{l_m \cdot l_{m+1}} \right) + \frac{M'_{m+1}}{l_{m+1}} \\ &\ldots\ldots\ldots\ldots\ldots\ldots\ldots \\ C_{n-1} &= C_{0\,n-1} + \frac{M'_{n-2}}{l_{n-1}} - M'_{n-1} \left(\frac{l_{n-1} + l_n}{l_{n-1} \cdot l_n} \right) + \frac{M_n'}{l_n} \\ C_n &= C_{0\,n} + \frac{M'_{n-1} - M_n'}{l_n}. \end{aligned} \right.$$

wobei $C_{0\,m} = A_{m+1} + B_m.$

$$B. \ldots \left\{ \begin{array}{l} H_0 = \alpha_1 \\ H_1 = \alpha_2 - \alpha_1 \\ H_2 = \alpha_3 - \alpha_2 \\ \ldots\ldots\ldots\ldots \\ H_m = \alpha_{m+1} - \alpha_m. \end{array} \right.$$

$$C. \ldots \left\{ \begin{array}{l} S_0 = \beta_1 \\ S_1 = \beta_2 - \beta_1 \\ S_2 = \beta_3 - \beta_2 \\ \ldots\ldots\ldots\ldots \\ S_m = \beta_{m+1} - \beta_m. \end{array} \right.$$

Zieht man noch die Gleichgewichtsbedingungen

$$\alpha_n + H_n = 0.$$

$$M_n' - (\beta_n + S_n) = 0.$$

in Betracht, so erkennt man, daß die 3 n Funktionen zur Ermittelung aller Stützenwiderstände genügen.

Wir wählen diese Funktionen als statisch unbestimmte Größen des 3 n-fach statisch unbestimmten Rahmenträgers.

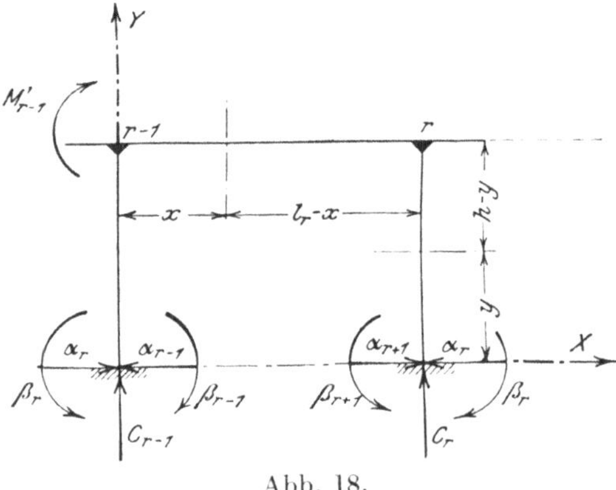

Abb. 18.

Die Gleichungen der Biegungsmomente M und der Achsialkräfte N lauten:

a) für den r^{ten} Ständer (Abb. 18).

$$1. \ldots \left\{ \begin{array}{l} M_r^v = -S_r - H_r\, y = \beta_r - \beta_{r+1} + y\,(\alpha_r - \alpha_{r+1}) \\ N_r^v = -C_r = -C_{0\,r} - \dfrac{M'_{r-1}}{l_r} + M_r' \left(\dfrac{l_r + l_{r+1}}{l_r \cdot l_{r+1}}\right) + \dfrac{M'_{r+1}}{l_{r+1}}. \end{array} \right.$$

b) für den r^{ten} Riegel (Abb. 18).

$$2. \ldots \ldots \left\{ \begin{aligned} M_r &= M_{0\,r} + M'_{r-1} + \frac{M_r' - M'_{r-1}}{l_r} \cdot x - \alpha_r h - \beta_r. \\ N_r &= -\alpha_r. \end{aligned} \right.$$

Zur Berechnung der 3 Gruppen M'_r, α_r, β_r stehen uns 3 Gleichungssysteme in der Form

$$\text{I)} \ldots \frac{\partial \mathfrak{A}}{\partial M_r'} = \frac{\partial A_i}{\partial M_r'}$$

$$\text{II)} \ldots \frac{\partial \mathfrak{A}}{\partial \alpha_r} = \frac{\partial A_i}{\partial \alpha_r}$$

$$\text{III)} \ldots \frac{\partial \mathfrak{A}}{\partial \beta_r} = \frac{\partial A_i}{\partial \beta_r}$$

zur Verfügung.

Hierbei bedeuten wie früher: $\mathfrak{A}$ die Arbeit der Auflagerwiderstände und A_i diejenige der inneren Spannkräfte [1]).

Die 3 Elastizitätsgleichungen führen, nach Vollziehung der Integrationen wie im ersten Abschnitt, zu folgenden Grundgleichungen.

I^a) . . . Partieller Belastungszustand $M_r' = +1$. (Abb. 19.)

$$\left\{ \begin{aligned} & M'_{r-2} \cdot a_{r-1} + M'_{r-1} b_r + M_r' c_r + M'_{r+1} b_{r+1} + M'_{r+2} \cdot a_{r+1} \\ & \quad - 3\,h\,(\alpha_r l_r' + \alpha_{r+1} l'_{r+1}) - 3\,(\beta_r l_r + \beta_{r+1} l'_{r+1}) \end{aligned} \right\} = K_r.$$

II^a) . . . Belastungszustand $\alpha_r = +1$. (Abb. 20.)

$$\left| \begin{aligned} & 3\,(M'_{r-1} + M_r') + \frac{1}{h\,l_r'}(\alpha_{r-1} \cdot u_{r-1} + \alpha_{r+1} \cdot u_r) - \frac{\alpha_r}{h\,l_r'}\left[(u_{r-1} + u_r + 6\,h^2\,l_r'\left(1 + \frac{I_r}{h^2 F_r}\right)\right] \\ & + 3\left(\beta_{r-1} \cdot \frac{h'_{r-1}}{l_r'} + \beta_{r+1} \cdot \frac{h_r'}{l_r'}\right) - 3\,\frac{\beta_r}{l_r'}(h'_{r-1} + h_r' + 2\,l_r') \end{aligned} \right| = \Theta_r.$$

III^a) . . Belastungszustand $\beta_r = +1$. (Abb. 21.)

$$\left| \begin{aligned} & 3\,(M'_{r-1} + M_r') + \frac{3\,h}{l_r'}(\alpha_{r-1} \cdot h'_{r-1} + \alpha_{r+1} \cdot h_r') - \frac{\alpha_r \cdot 3\,h}{l_r'}(h'_{r-1} + h_r' + 2 l_r') \\ & + \beta_{r-1} \cdot \frac{6\,v_{r-1}}{l_r'} + \beta_{r+1} \cdot \frac{6\,v_r}{l_r'} - \frac{6\,\beta_r}{l_r'}(v_{r-1} + v_r + l_r') \end{aligned} \right| = O_r.$$

Die Buchstaben l_r', h_r', a_r, b_r, c_r, u_r, K_r, Θ_r haben hierbei dieselbe Bedeutung wie in Abschnitt I, § 1 [2]).

Das Belastungsglied O_r, folgt der Gleichung:

$$O_r = -6\,\frac{\mathfrak{F}_r}{l_r} - 6\,E\,I_r\left[\frac{\rho_{0r} - \rho_{0r-1}}{l_r} + \varepsilon\,\frac{\Delta t}{d}\right],$$

[1]) Vergl. S. 5.

[2]) Vergl. S. 8, 9, 11.

und es ist

$$v_r = h_r' + E\,I_c \cdot \rho_r.$$

Hierbei stellen $\rho_{0\,r}$ und ρ_r' den Winkel dar, um welchen sich die Tangente an der elastischen Linie des r^{ten} Ständers an der Einspannungs-

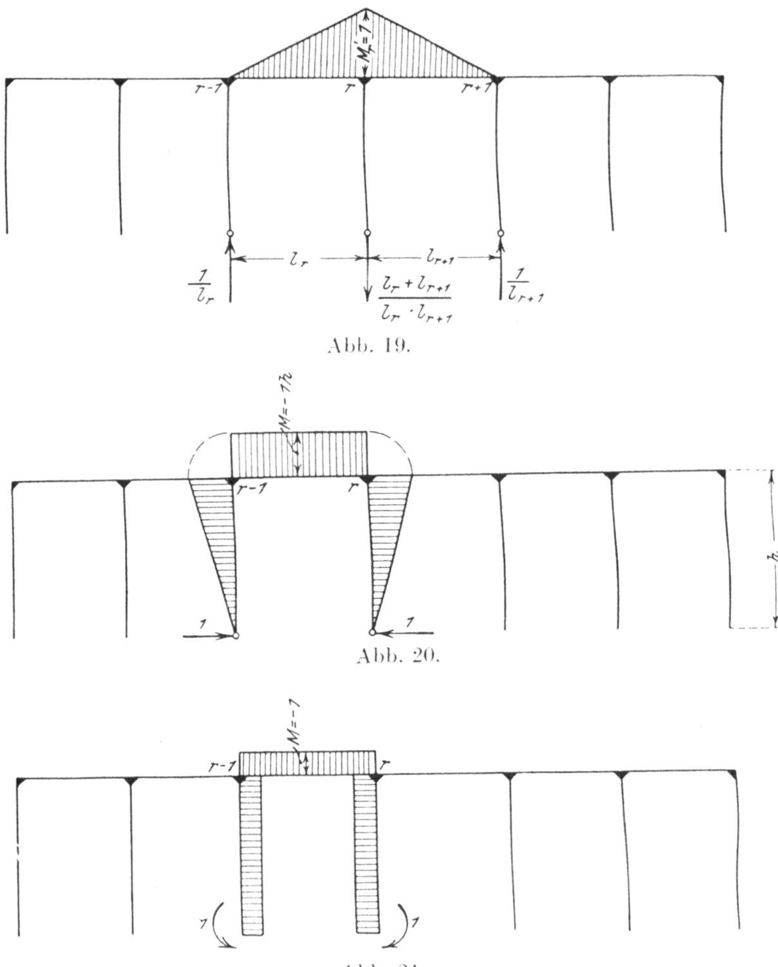

Abb. 19.

Abb. 20.

Abb. 21.

stelle dreht, und zwar gibt $\rho_{0\,r}$ die beobachtete oder geschätzte Verdrehung, während ρ_r' das Verdrehungsmaß der Stützung bedeutet, d. h. die Drehung unter der Einwirkung eines Einspannungsmomentes $S_r = 1$ tm. Posive Werte $\rho_{0\,r}$ und ρ_r' entsprechen einer Drehung in Richtung des Uhrzeigers. Mit Hilfe der Werte δ_0, δ', η_0, η', ρ_0 und ρ' ist die Bewegung jedes Stützpunktes eindeutig bestimmt (Abb. 22).

Die Gleichungen I^a, II^a und III^a sind erweiterte Clapeyronsche Gleichungen: ihre Auflösung liefert die Werte aller statisch unbestimmten Größen.

Im allgemeinen dürfte es wohl kaum nötig sein, die Elastizitätsgleichungen in dieser streng genauen Fassung zu verwenden: da es praktisch nur selten möglich ist, die 3 Werte δ', η' und ρ' mit hinreichender Genauigeit zu bestimmen, so wird man ohne weiteres auf ihre Berücksichtigung verzichten dürfen, ohne daß die Rechnung an Zuverlässigkeit einbüßt.

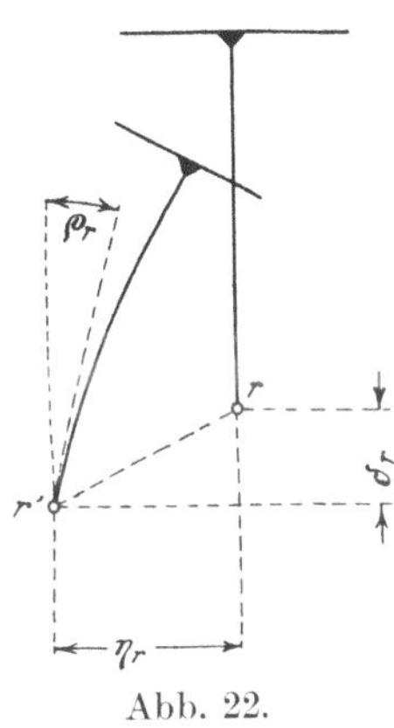

Abb. 22.

Die 3 Grundgleichungen nehmen dann folgende einfache Form an:

$$\mathrm{I^b}) \ldots \quad M'_{r-1} \cdot l_r' + 2 M_r' (l_r' + l'_{r+1}) + M'_{r+1} l'_{r+1} = K_r + 3 l_r' (h \alpha_r + \beta_r) + 3 l'_{r+1} (h \alpha_{r+1} + \beta_{r+1}).$$

$$\mathrm{II^b}) \ldots \quad \left\{ \begin{aligned} & 3 (M'_{r-1} + M_r') + \frac{2h}{l_r'} (\alpha_{r-1} \cdot h'_{r-1} + \alpha_{r+1} \cdot h_r') - \\ & - \alpha_r \cdot \frac{2h}{l_r'} \left[h'_{r-1} + h_r' + 3 l_r' \left(1 + \frac{I_r}{h^2 F_r} \right) \right] \\ & + \frac{3}{l_r'} (\beta_{r-1} \cdot h'_{r-1} + \beta_{r+1} \cdot h_r') - \frac{3 \beta_r}{l_r'} (h'_{r-1} + h_r' + 2 l_r') \end{aligned} \right\} = \Theta_r .$$

$$\mathrm{III^b}) \ldots \quad \left\{ \begin{aligned} & 3 (M'_{r-1} + M_r') + \frac{3h}{l_r'} (\alpha_{r-1} \cdot h'_{r-1} + \alpha_{r+1} h_r') - \\ & - \alpha_r \cdot \frac{3h}{l_r'} (h'_{r-1} + h_r' + 2 l_r') \\ & + \frac{6}{l_r'} (\beta_{r-1} \cdot h'_{r-1} + \beta_{r+1} \cdot h_r') - \frac{6 \beta_r}{l_r'} (h'_{r-1} + h_r' + l_r'). \end{aligned} \right\} = O_r .$$

Aus II^b und III^b erhält man auch:

$$3 [h'_{r-1} (\beta_{r-1} - \beta_r) - h_r' (\beta_r - \beta_{r+1})] + h [h'_{r-1} (\alpha_{r-1} - \alpha_r) - h_r' (\alpha_r - \alpha_{r+1})] + + 6 \alpha_r \cdot h \cdot l_r' \cdot \frac{I_r}{h^2 F_r} = l_r' (O_r - \Theta_r)$$

oder:

$$\mathrm{IV}) \ldots\ldots \quad h_r' (3 S_r + h H_r) - h'_{r-1} (3 S_{r-1} + h H_{r-1}) = l_r' (O_r - \Theta_r) - 6 \alpha_r \cdot l_r' \cdot \frac{I_r}{h F_r}$$

Letztere Beziehung ist ganz besonders von Bedeutung. Beachtet man, daß

$$l_r'(O_r - \Theta_r) - 6\,\alpha_r \cdot l_r' \cdot \frac{I_r}{h\,F_r} =$$

$$= +\,6\,E\,I_r\left[\frac{\varepsilon\,t}{h} + \frac{\eta_{0\,r} - \eta_{0\,r-1}}{h\,l_r} - \frac{\rho_{0\,r} - \rho_{0\,r-1}}{l_r}\right] l_r' - 6\,\alpha_r \cdot l_r' \cdot \frac{I_r}{h\,F_r}$$

nur dann $= 0$ wird, wenn die Arbeit der Achsialkräfte, der Einfluß von Widerlagerbewegungen und Temperaturänderungen außer Acht gelassen werden, so erkennt man, daß die Bedingung

$$3\,S_r + h\,H_r = 0,$$

welche die Unverschiebbarkeit der oberen Knotenpunkte zum Ausdruck bringt, nur unter einschränkenden Voraussetzungen erfüllt wird. Wir ziehen es daher vor, diese Gleichung, welche die Grundlage der meisten bisherigen Rahmenuntersuchungen bildet, nicht zu benutzen und den genaueren Weg weiter zu verfolgen.

Setzt man:

$$M_r' - \beta_r = X_r$$

$$M_r' - \beta_{r+1} = Y_r$$

$$S_r = \beta_{r+1} - \beta_r = X_r - Y_r,$$

so können, nach einigen Umformungen, aus den 3 Gleichungen I^b, II^b, III^b die drei folgenden Gleichungen abgeleitet werden:

$$\mathrm{I^c})\ \ldots\ 6\,h_r'(X_r - Y_r) + 3\,h\,h_r'(\alpha_{r+1} - \alpha_r) + 6\,E\,I_c \cdot \rho_{0\,r} =$$

$$= K_r' - l_r'(Y_{r-1} + 2\,X_r) + 3\,h\,l_r' \cdot \alpha_r$$

$$\mathrm{II^c})\ \ldots\ = -\,K''_{r+1} + l'_{r+1}(2\,Y_r + X_{r+1}) - 3\,h\,l'_{r+1} \cdot \alpha_{r+1}.$$

$$\mathrm{III^c})\ \ldots\ (Y_{r-1} + X_r)\,l_r' = \frac{\Theta_r'}{3}\,l_r' - \frac{1}{3}\,h\,(\alpha_{r-1} \cdot h'_{r-1} + \alpha_{r+1} \cdot h_r') +$$

$$+\,h \cdot \alpha_r\left[2\,l_r'' + \frac{1}{3}(h'_{r-1} + h_r')\right],$$

wobei

$$K_r' = -\,6\,\frac{L_r}{l_r^2} \cdot l_r' - 3\,\varepsilon\,E\,I_c \cdot \frac{\Delta t}{d} \cdot l_r - \frac{6\,E\,I_c}{l_r}(\delta_{0\,r-1} - \delta_{0\,r}) -$$

$$-\,(C_{0\,r-1} \cdot a_{r-1} \cdot l_{r-1} - C_{0\,r} \cdot a_r \cdot l_{r+1})$$

$$K''_{r+1} = -\,6\,\frac{R_{r+1}}{l^2_{r+1}} \cdot l'_{r+1} - 3\,\varepsilon\,E\,I_c \cdot \frac{\Delta t}{d} \cdot l_{r+1} + \frac{6\,E\,I_c}{l_{r+1}}(\delta_{0\,r} - \delta_{0\,r+1}) +$$

$$+\,(C_{0\,r} \cdot a_r \cdot l_r - C_{0\,r+1} \cdot a_{r+1} \cdot l_{r+2}).$$

$$\Theta_r' = -O_r + 2\Theta_r = -6\frac{\mathfrak{F}_r}{l_r} -$$
$$-6\,E\,I_r\left[2\left(\frac{\eta_{0\,r}-\eta_{0\,r-1}}{h\,l_r}\right)+\varepsilon\left(\frac{2t}{h}+\frac{\varDelta t}{d}\right)-\left(\frac{\rho_{0\,r}-\rho_{0\,r-1}}{l_r}\right)\right]$$
$$l_r'' = l_r'\left(1+\frac{2\,I_r}{h^2\,F_r}\right).$$

Diese Gleichungen besagen, daß die Summe der Winkeländerungen an jedem Knotenpunkt = 0 sein muß, und daß die unteren Stützpunkte $(r-1)$ und r sich gegenseitig in wagerechter Richtung um $\varDelta l_r = \eta_{0\,r-1} - \eta_{0\,r}$ verrücken.

Aus I^c und II^c ergibt sich auch, wenn zur Abkürzung

$$K_r = +(K_r' + K_{r+1}'')$$

geschrieben wird, die Clapeyronsche Gleichung:

$$Y_{r-1}\cdot l_r' + 2(X_r\,l_r' + Y_r\cdot l_{r+1}') + X_{r+1}\,l_{r+1}' = K_r + 3\,h\,(\alpha_r\,l_r' + \alpha_{r+1}\,l_{r+1}'),$$

oder auch:

$$\text{V)} \ldots (Y_{r-1}+X_r)\,l_r' + X_r\,l_r' + Y_r\,l_{r+1}' + (Y_r + X_{r+1})\,l_{r+1}' =$$
$$= K_r + 3\,h\,(\alpha_r\,l_r' + \alpha_{r+1}\cdot l_{r+1}').$$

Ersetzen wir die Klammerausdrücke der linken Seite durch die α-Verbindung der Gl. III^c, so finden wir:

$$\text{VI)} \ldots X_r\,l_r' + Y_r\cdot l_{r+1}' = K_r - \frac{1}{3}(\Theta_r'\,l_r' + \Theta_{r+1}'\cdot l_{r+1}') + \frac{h}{3}(\alpha_{r-1}\cdot h_{r+1}' + \alpha_{r+2}\cdot h_{r+1}')$$
$$+\frac{h}{3}\cdot\alpha_r(9\,l_r' - 6\,l_r'' - h_{r-1}') + \frac{h}{3}\cdot\alpha_{r+1}(9\,l_{r+1}' - 6\,l_{r+1}'' - h_{r+1}').$$

Analog läßt sich aus der transformierten Gl. II^c

$$6\,h_r'\,X_r - Y_r(6\,h_r' + l_{r+1}') = -K_{r+1}'' - 6\,E\,I_c\cdot\rho_{0\,r} +$$
$$+\,l_r'(Y_r + X_{r+1}) + 3\,h_r'\,\alpha_r\cdot h_r - 3\,h\,\alpha_{r+1}(l_{r+1}' + h_r'),$$

die Beziehung:

$$\text{VII)} \ldots 6\,h_r'\,X_r - Y_r(6\,h_r' + l_{r+1}') = -K_{r+1}'' - 6\,E\,I_c\cdot\rho_{0\,r} + \frac{\Theta_{r+1}'}{3}\cdot l_{r+1}' +$$
$$+\frac{8}{3}\cdot h\,h_r'\cdot\alpha_r - \frac{h}{3}\cdot\alpha_{r+1}(9\,l_{r+1}' - 6\,l_{r+1}'' + 8\,h_r' - h_{r+1}') - \frac{h}{3}\cdot h_{r+1}'\cdot\alpha_{r+2}$$

ableiten. Eliminiert man X_r und Y_r aus VI und VII, so erhält man:

$$\text{VIII}^{a)}\quad X_r\cdot J_r = \left\{\begin{array}{l} K_r\cdot\lambda_r'' - \frac{1}{3}(\Theta_r'\cdot l_r'\cdot\lambda_r'' + \Theta_{r+1}'\cdot l_{r+1}'\cdot 6\,h_r') - l_{r+1}'(K_{r+1}'' + 6\,E\,I_c\cdot\rho_{0r}) \\ +\frac{h}{3}[\alpha_{r-1}\cdot h_{r-1}'\cdot\lambda_r'' + \alpha_r(s_r\cdot\lambda_r'' + 8\,h_r'\cdot l_{r+1}') + \\ \quad + \alpha_{r+1}'(s_{r+1}'\cdot 6\,h_r' - 8\,h_r'\cdot l_{r+1}') + \alpha_{r+2}\cdot h_{r+1}'\cdot 6\,h_r'] \end{array}\right.$$

$$\text{VIII}^{b})\quad Y_r \cdot \varDelta_r = \begin{cases} K_r \cdot 6\, h_r' - \frac{1}{3}(\Theta_r' \cdot l_r' \cdot 6\, h_r' + \Theta_{r+1}' \cdot l_{r+1}' \cdot \lambda_r') + l_r'(K_{r+1}'' + 6\, E\, I_c \cdot \rho_{0\,r}) \\ + \frac{h}{3}[\alpha_{r-1} \cdot h_{r-1}' \cdot 6\, h_r' + \alpha_r (s_r \cdot 6\, h_r' - 8\, h_r' \cdot l_r') \\ \quad + \alpha_{r+1}(s_{r+1}' \cdot \lambda_r' + 8\, h_r' \cdot l_r') + \alpha_{r+2} \cdot h_{r+1}' \cdot \lambda_r'] \end{cases}$$

wobei:

$$4)\ \ldots \begin{cases} \varDelta_r = 6\, h_r'(l_r' + l_{r+1}') + l_r' \cdot l_{r+1}'; \\ \lambda_r' = 6\, h_r' + l_r'; \quad \lambda_r'' = 6\, h_r' + l_{r+1}'; \\ s_r = 3(3\, l_r' - 2\, l_r'') - h_{r-1}'; \quad s_{r+1}' = 3(3\, l_{r+1}' - 2\, l_{r+1}'') - h_{r+1}'. \end{cases}$$

Letztere Gleichungen beweisen, daß es möglich ist, die Gruppen X und Y als Funktionen der α-Gruppe auszudrücken. Durch Einführung dieser Funktionen in die Gl. III^c

$$Y_{r-1} + X_r = \frac{\Theta_r'}{3} - \frac{1}{3} \cdot \frac{h}{l_r'}(\alpha_{r-1} \cdot h_{r-1}' + \alpha_{r+1}\, h_r' + \\ + \frac{1}{3} \cdot \frac{h}{l_r'} \cdot \alpha_r (6\, l_r'' + h_{r-1}' + h_r'),$$

ergibt sich schließlich die typische homogene α-Gleichung:

$$\text{IX})\ldots Z_r = \begin{cases} -\alpha_{r-2} \cdot h_{r-2}' \cdot 6\, \frac{h_{r-1}'}{\varDelta_{r-1}} \\ -\alpha_{r-1} \cdot h_{r-1}' \left(6\, \frac{s_{r-1}}{\varDelta_{r-1}} - 8\, \frac{l_{r-1}'}{\varDelta_{r-1}} + \frac{\lambda_r''}{\varDelta_r} + \frac{1}{l_r'}\right) \\ + \alpha_r \left[6\, \frac{l_r''}{l_r'} + \frac{h_{r-1}' + h_r'}{l_r'} - \left(s_r' \cdot \frac{\lambda_{r-1}'}{\varDelta_{r-1}} + s_r \cdot \frac{\lambda_r''}{\varDelta_r}\right) - \right. \\ \qquad \left. - 8\left(\frac{h_{r-1}' \cdot l_{r-1}'}{\varDelta_{r-1}} + \frac{h_r' \cdot l_{r+1}'}{\varDelta_r}\right)\right] \\ -\alpha_{r+1} \cdot h_r' \left(6\, \frac{s_{r+1}'}{\varDelta_r} - 8\, \frac{l_{r+1}'}{\varDelta_r} + \frac{\lambda_{r-1}'}{\varDelta_{r-1}'} + \frac{1}{l_r'}\right) \\ -\alpha_{r+2} \cdot h_{r+1}' \cdot 6\, \frac{h_r'}{\varDelta_r} \end{cases}$$

wobei

$$Z_r = \begin{cases} \frac{3}{h}\left[K_{r-1} \cdot 6\, \frac{h_{r-1}'}{\varDelta_{r-1}} + K_r \cdot \frac{\lambda_r''}{\varDelta_r} + \frac{l_{r-1}'}{\varDelta_{r-1}}(K_r'' + 6\, E\, I_c \cdot \rho_{0\,r-1}) - \frac{l_{r+1}'}{\varDelta_r}(K_{r+1}'' + 6\, E\, I_c\, \rho_{0\,r})\right] \\ -\frac{1}{h}\left[\Theta_{r-1}' \cdot l_{r-1}' \cdot 6\, \frac{h_{r-1}'}{\varDelta_{r-1}} + \Theta_r' \cdot l_r' \left(\frac{\lambda_{r-1}'}{\varDelta_{r-1}} + \frac{1}{l_r'} + \frac{\lambda_r''}{\varDelta_r}\right) + \Theta_{r+1}' \cdot l_{r+1}' \cdot 6\, \frac{h_r'}{\varDelta_r}\right] \end{cases}$$

Diese fünfgliedrige, rekursive Elastizitätsgleichung hat für den durchlaufenden Rahmen die gleiche Bedeutung wie die Fünfmomentengleichung für den einfachen durchlaufenden Balken: ihre Aufstellung bringt eine sehr wesentliche Vereinfachung der Untersuchung, da sie gewissermaßen gestattet, den Grad der statischen Unbestimmtheit um das dreifache zu reduzieren. Sobald dieses verhältnismäßig so einfache α-Gleichungssystem gelöst ist, bietet die Ermittelung der X- und Y-Werte auf Grund der Gl. VIII keine Schwierigkeiten, und die Untersuchung kann als abgeschlossen betrachtet werden.

Um die ersten Gleichungen zu erhalten, setze man:

$$\alpha_0 = 0,\ X_0 = 0,\ Y_0 = -\beta_1 = -S_0,\ \frac{\lambda_0'}{\varDelta_0} = \frac{l_0'}{\varDelta_0} = \frac{1}{6\,h_0' + l_1'}.$$

Der Reihe nach ergibt sich:

$$Y_0 + X_1 = \frac{\Theta_1'}{3} + \alpha_1 \cdot \frac{h}{3}\left(\frac{6\,l_1'' + h_0' + h_1'}{l_1'}\right) - \alpha_2 \cdot \frac{h}{3} \cdot \frac{h_1'}{l_1'}$$

$$\textbf{VIII}^{c})\ldots Y_0 = -\frac{1}{3}\,\Theta_1' \cdot l_1' \cdot \frac{\lambda_0'}{\varDelta_0} + \frac{l_0'}{\varDelta_0}(K_1'' + 6\,E\,I_c\rho_{00}) + \\ + \frac{h}{3}\cdot\alpha_1\left(s_1' \cdot \frac{\lambda_0'}{\varDelta_0} + 8\,h_0' \cdot \frac{l_0'}{\varDelta_0}\right) + \frac{h}{3}\cdot\alpha_2 \cdot h_1' \cdot \frac{\lambda_0'}{\varDelta_0}$$

$$\textbf{VIII}^{d})\ .\ Y_1 = \left\{\begin{aligned} & K_1 \cdot 6\,\frac{h_1'}{\varDelta_1} - \frac{1}{3} \cdot \frac{\Theta_1' \cdot l_1' \cdot 6\,h_1' + \Theta_2' \cdot l_2' \cdot \lambda_1'}{\varDelta_1} + \frac{l_1'}{\varDelta_1}(K_2'' + 6\,E\,I_c\rho_{01}) \\ & + \frac{h}{3\,\varDelta_1}[\alpha_1(s_1 \cdot 6\,h_1' - 8\,h_1'\,l_1') + \alpha_2(s_2' \cdot \lambda_1' + 8\,h_1' \cdot l_1') + \alpha_3 \cdot h_2' \cdot \lambda_1'] \end{aligned}\right.$$

$$\textbf{VIII}^{e})\ .\ X_1 = \left\{\begin{aligned} & K_1 \cdot \frac{\lambda_1''}{\varDelta_1} - \frac{1}{3\,\varDelta_1}(\Theta_1' \cdot l_1' \cdot \lambda_1'' + \Theta_2' \cdot l_2' \cdot 6\,h_1') - \frac{l_2'}{\varDelta_1}(K_2'' + 6\,E\,I_c\rho_{01}) \\ & + \frac{h}{3\,\varDelta_1}[\alpha_1(s_1\,\lambda_1'' + 8\,h_1' \cdot l_2') + \alpha_2(s_2' \cdot 6\,h_1' - 8\,h_1' \cdot l_2') + \alpha_3 \cdot h_2' \cdot 6\,h_1'] \end{aligned}\right.$$

$$\textbf{IX}^{a})\ldots Z_1 = \left\{\begin{aligned} & \alpha_1\left[6\,\frac{l_1''}{l_1'} + \frac{h_0' + h_1'}{l_1'} - \left(s_1' \cdot \frac{\lambda_0'}{\varDelta_0} + s_1 \cdot \frac{\lambda_1''}{\varDelta_1}\right) - 8\left(h_0' \cdot \frac{l_0'}{\varDelta_0} + h_1' \cdot \frac{l_2'}{\varDelta_1}\right)\right] \\ & - \alpha_2 \cdot h_1'\left(6\,\frac{s_2'}{\varDelta_1} - 8\,\frac{l_2'}{\varDelta_1} + \frac{\lambda_0'}{\varDelta_0} + \frac{1}{l_1'}\right) \\ & - \alpha_3 \cdot h_2' \cdot 6\,\frac{h_1'}{\varDelta_1} \end{aligned}\right\} =$$

$$= \left|\begin{aligned} & \frac{3}{h}\left[K_1 \cdot \frac{\lambda_1''}{\varDelta_1} + \frac{l_0'}{\varDelta_0}(K_1'' + 6\,E\,I_c\rho_{00}) - \frac{l_2'}{\varDelta_1}(K_2'' + 6\,E\,I_c\rho_{01})\right] \\ & - \frac{1}{h}\left[\Theta_1' \cdot l_1'\left(\frac{\lambda_0'}{\varDelta_0} + \frac{1}{l_1'} + \frac{\lambda_1''}{\varDelta_1}\right) + \Theta_2' \cdot l_2' \cdot 6\,\frac{h_1'}{\varDelta_1}\right] \end{aligned}\right.$$

$$\textbf{IX}^{b})\ldots Z_2 = \left\{\begin{aligned} & -\alpha_1 \cdot h_1'\left(6\,\frac{s_1}{\varDelta_1} - 8\,\frac{l_1'}{\varDelta_1} + \frac{\lambda_2''}{\varDelta_2} + \frac{1}{l_2'}\right) \\ & + \alpha_2 \cdot \left[6\,\frac{l_2''}{l_2'} + \frac{h_1' + h_2'}{l_2'} - \left(s_2' \cdot \frac{\lambda_1'}{\varDelta_1} + s_2 \cdot \frac{\lambda_2''}{\varDelta_2}\right) - 8\left(\frac{h_1' \cdot l_1'}{\varDelta_1} + \frac{h_2' \cdot l_3'}{\varDelta_2}\right)\right] \\ & - \alpha_3 \cdot h_2'\left(6\,\frac{s_3'}{\varDelta_2} - 8\,\frac{l_3'}{\varDelta_2} + \frac{\lambda_1'}{\varDelta_1} + \frac{1}{l_2'}\right) \\ & - \alpha_4 \cdot h_3' \cdot 6\,\frac{h_2'}{\varDelta_2}. \end{aligned}\right.$$

Ganz analog gestalten sich die letzten Gleichungen, wenn man

$$\alpha_{n+1} = 0, \; Y_n = 0, \; X_n = S_n, \; \frac{\lambda_n''}{J_n} = \frac{l'_{n+1}}{J_n} = \frac{1}{6\,h_n' + l_n'}$$

einführt.

Bei Rahmen mit gleichen Feldern gleicher Beschaffenheit läßt sich das α-Gleichungssystem außerordentlich vereinfachen.

Wird der im allgemeinen sehr geringe Einfluß der Achsialkräfte auf die Formänderungsarbeit des Riegels vernachlässigt und

$$l_r'' = l_r' = l, \quad s = s' = 3\,l - h', \quad \lambda' = \lambda'' = 6\,h' + l, \quad J = l\,(12\,h' + l),$$

$$\frac{l}{h'} = \mu, \qquad \frac{6\,h'}{6\,h' + l} = \varkappa$$

gesetzt, so gehen die Gleichungen VIII und IX über in:

$$\text{X}^{a})\;\ldots\;(12 + \mu)\,X_r = \left\{\begin{aligned} &\frac{K_r}{l}(6+\mu) - \frac{1}{h'}(K''_{r+1} + 6\,E\,I_c\,\rho_{0\,r}) - \frac{\Theta_r'}{3}(6+\mu) - 2\,\Theta'_{r+1} \\ &+ \frac{h}{3\,\mu}[\alpha_{r-1}(6+\mu) + \alpha_r(3\,\mu^2 + 25\,\mu - 6) + \\ &\qquad + \alpha_{r+1}(10\,\mu - 6) + 6\,\alpha_{r+2}] \end{aligned}\right\}$$

$$\text{X}^{b})\;\ldots\;(12 + \mu)\,Y_r = \left\{\begin{aligned} &6\,\frac{K_r}{l} + \frac{1}{h'}(K''_{r+1} + 6\,E\,I_c\,\rho_{0\,r}) - 2\,\Theta_r' - \frac{\Theta'_{r+1}}{3}(6+\mu) \\ &+ \frac{h}{3\,\mu}[6\,\alpha_{r-1} + \alpha_r(10\,\mu - 6) + \\ &\qquad + \alpha_{r+1}(3\,\mu^2 + 25\,\mu - 6) + \alpha_{r+2}\cdot(6+\mu)] \end{aligned}\right\}$$

$$\text{XI})\;\ldots\;\left\{\begin{aligned} &-(\alpha_{r-2} + \alpha_{r+2}) \\ &-(\alpha_{r-1} + \alpha_{r+1})\,2\,(1+\mu) \\ &+\alpha_r\,.\,2\,(2\,\mu + 3) \end{aligned}\right\} = Z_r =$$

$$= \left\{\begin{aligned} &\frac{3}{h\,h'}(K_{r-1} + K_r) + \frac{\mu^2}{2\,l\,h}[K_r' + K_r'' - 6\,E\,I_c\,(\rho_{0_r} - \rho_{0_{r-1}})] \\ &-\frac{\mu}{h}\left[\Theta'_{r-1} + \Theta_r'\left(4 + \frac{\mu}{2}\right) + \Theta'_{r+1})\right] \end{aligned}\right.$$

Dementsprechend lauten die ersten Gleichungen:

$$\text{X}^{c})\;\ldots\;Y_0\,(6 + \mu) = -\frac{1}{3}\,\Theta_1'\,\mu + \frac{K_1'' + 6\,E\,I_c\,\rho_{0\,0}}{h'} + \frac{h}{3}\left[\alpha_1\,(7 + 3\,\mu) + \alpha_2\right]$$

$$\text{XI}^{a})\ \ldots \left\{\begin{array}{l} \alpha_1 \left[5 + 7\mu - \varkappa\mu\left(\frac{7}{6} + \frac{\mu}{2}\right)\right] \\ -\alpha_2 \left[1 + \mu\left(2 + \frac{\varkappa}{6}\right)\right] \\ -\alpha_3 \end{array}\right\} = Z_1 =$$

$$= \left\{\begin{array}{l} \frac{K_1}{2\,l\,h} \cdot \mu\,(6 + \mu) + \frac{\mu^2}{2\,l\,h} \left[(1 + \varkappa)\,(K_1'' + 6\,E\,I_c\,\rho_{0\,0}) - (K_2'' + 6\,E\,I_c\,\rho_{0\,1})\right] \\ - \frac{\mu}{h} \left[\Theta_1' \left\{3 + \frac{\mu}{2}\left(1 + \frac{\varkappa}{3}\right)\right\} + \Theta_2'\right] \end{array}\right.$$

Die Gleichungen X und XI eignen sich ganz besonders für die praktische Verwendung: die Koeffizienten der α-Werte lassen sich sehr rasch rechnerisch ermitteln, und die Auflösung der Elastizitätsgleichungen läßt sich sehr einfach durchführen.

Will man nur den Einfluß der lotrechten Belastung verfolgen, und glaubt man die Wirkung der Temperatur und etwaiger Nachgiebigkeit der Stützung vernachlässigen zu dürfen, so kann man auf Grund der auf S. 34 abgeleiteten Beziehung:

$$3\,S_r + h\,H_r = 0.$$

zu einer anderen Lösung des Problems gelangen.

Setzt man:

$$X_r - h\,\alpha_r = M_r$$

$$Y_r - h\,\alpha_{r+1} = \mathfrak{M}_r$$

$$M_r - \mathfrak{M}_r = X_r - Y_r + h\,(\alpha_{r+1} - \alpha_r) = S_r + h\,H_r = \frac{2}{3} \cdot h\,H_r,$$

so gehen die Gleichungen I^c und II^c über in:

$$\text{I}^{d})\ \ldots\ h_r'\,(6\,S_r + 3\,h\,H_r) = h\,h_r' \,.\, H_r = \frac{3}{2}\,h_r'\,(M_r - \mathfrak{M}_r) = -6\,\frac{L_r}{l_r^2} \cdot l_r' - l_r'\,(\mathfrak{M}_{r-1} + 2\,M_r)$$

$$\text{II}^{d})\ \ldots\ = \left\{\begin{array}{l} +\,6\,\frac{R_{r+1}}{l_{r+1}^2} \,.\, l_{r+1}' + \\ +\,l_{r+1}'\,(2\,\mathfrak{M}_r + M_{r+1}) \end{array}\right.$$

Hieraus erhält man:

$$\text{XII})\ \ldots\ \mathfrak{M}_r = -12 \,.\, \frac{R_{r+1}}{l_{r+1}^2} \cdot k_{r+1} + M_r \,.\, 3\,r_{r+1} - 2\,k_{r+1} \cdot M_{r+1}$$

wobei

$$k_r = \frac{l_r'}{3\,h_{r-1}' + 4\,l_r'} \qquad r_r = \frac{h_{r-1}'}{3\,h_{r-1}' + 4\,l_r'}$$

Ersetzt man in der aus den Gl. I^d und II^d hervorgehenden Clapeyronschen Gleichung:

$$\mathfrak{M}_{r-1}\, l_r' + 2\,(M_r\, l_r' + \mathfrak{M}_r\, l_{r+1}') + M_{r+1}'\, l_{r+1}' = -6\left(\frac{L_r}{l_r^2}\cdot l_r' + \frac{R_{r+1}}{l_{r+1}^2}\cdot l_{r+1}'\right)$$

die $\mathfrak{M}$-Werte durch die entsprechenden M-Funktionen der Gl. XII und beachtet, daß $4\,k_r + 3\,r_r = 1$ ist, so findet man:

XIII) . $M_{r-1}\cdot l_r'\cdot 3\,r_r + 2\,M_r\,[l_r'\,3\,(r_r + k_r) + 3\,l_{r+1}'\cdot r_{r+1})] +$
$+ M_{r+1}\cdot 3\,r_{r+1}\cdot l_{r+1}' = U_r,$

wobei

$$U_r = -6\,\frac{L_r}{l_r^2}\cdot l_r' + 12\,.\,\frac{R_r}{l_r^2}\cdot l_r'\cdot k_r - 6\,\frac{R_{r+1}}{l_{r+1}^2}\cdot l_{r+1}'\cdot 3\,r_{r+1}.$$

Die erste Gleichung lautet:

XIII[a]) . $2\,M_1\,[3\,l_1'\,(r_1 + k_1) + 3\,l_2'\cdot r_2)] + M_2\cdot 3\,r_2\,l_2' =$

$$= -6\,\frac{L_1}{l_1^2}\cdot l_1' + 12\,\frac{R_1}{l_1^2}\cdot l_1'\cdot k_1 - 6\,\frac{R_2}{l_2^2}\cdot l_2'\cdot 3\,r_2.$$

Um die letzte Gleichung zu erhalten, muß $\mathfrak{M}_{n-1}$ aus den beiden Gleichungen:

$$\frac{3}{2}\cdot M_n'\cdot h_n' = 6\,\frac{L_n}{l_n^2}\cdot l_n' - l_n'\,(\mathfrak{M}_{n-1} + 2\,M_n),$$

$$\mathfrak{M}_{n-1} = -12\,\frac{R_n}{l_n^2}\cdot l_n'\cdot k_n + 3\,r_n\cdot M_{n-1} - 2\,k_n\,M_n,$$

eliminiert werden, wodurch sich ergibt:

XIII[b]) . $M_{n-1}\cdot 3\,r_n\cdot l_n' + 2\,M_n\,[l_n'\cdot 3\,(r_n + k_n) + \frac{3}{4}\,h_n'] =$

$$= -6\,\frac{L_n}{l_n^2}\cdot l_n' + 12\,.\,\frac{R_n}{l_n^2}\cdot l_n'\cdot k_n.$$

Aus den n-Gleichungen der Form XIII werden die n-Werte M ermittelt, sodann die $\mathfrak{M}$-Werte nach Gl. XII bestimmt und zum Schluß die Werte

$$H_r = \frac{3}{2\,h}\,(M_r - \mathfrak{M}_r)$$

$$S_r = \frac{1}{2}\,(\mathfrak{M}_r - M_r)$$

errechnet.

Der einzige Nachteil des M-Gleichungssystems besteht darin, daß es, selbst bei symmetrisch ausgestalteten Trägern, keine symmetrische Bildung aufweist; daher dürfte im allgemeinen das α-Gleichungssystem den Vorzug verdienen.

§ 2. Beispiel.

Der in Abb. 23 skizzierte Rahmenträger hat wie im ersten Beispiel die folgenden Abmessungen:

$$l_1 = l_4 = 9\,\text{m};\; l_2 = l_3 = 12\,\text{m};\; h = 6\,\text{m}$$

$$I_1 = I_4 = \frac{3}{4} I_c;\; I_2 = I_3 = I_c;\; I_0^v = I_4^v = \frac{I_c}{2};\; I_2^v = I_3^v = \frac{3}{4} \cdot I_c.$$

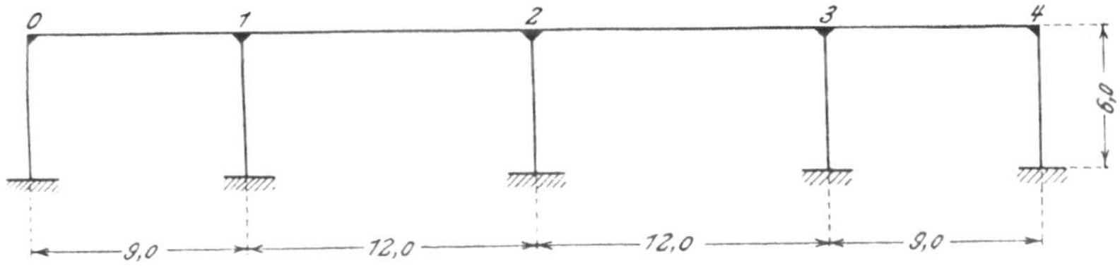

Abb. 23.

Mithin sind:

$$l_1' = l_2' = l_3' = l_4' = 12\,\text{m};\; h_0' = h_4' = 12\,\text{m};\; h_1' = h_2' = h_3' = 8\,\text{m}.$$

Wird der Einfluß der Achsialkräfte nicht berücksichtigt, so ergibt sich nach Gl. IV:

$$\lambda_0'' = \lambda_4' = 84\,\text{m};\; \lambda_1' = \lambda_3'' = \lambda_1'' = \lambda_3' = 60\,\text{m};\; \lambda_2' = \lambda_2'' = 60\,\text{m}.$$

$$s_1 = s_4' = 24\,\text{m};\; s_1' = s_4 = s_2 = s_3' = s_3 = s_2' = 28\,\text{m}.$$

$$\Delta_1 = \Delta_2 = \Delta_3 = 1296\,\text{m}^2;\; \frac{\lambda_0'}{\Delta_0} = \frac{l_0'}{\Delta_0} = \frac{\lambda_4''}{\Delta_4} = \frac{l_5'}{\Delta_4} = \frac{1}{84} \cdot \text{m}^{-1}.$$

Entsprechend den Gleichungen IX, IX^a und IX^b lautet das α-Gleichungssystem:

$$\begin{aligned}
212\,\alpha_1 - 57\,\alpha_2 - 14\,\alpha_3 &= \frac{189}{4} Z_1 \\
-36\,\alpha_1 + 96\,\alpha_2 - 40\,\alpha_3 - 8\,\alpha_4 &= 27\,Z_2 \\
-8\,\alpha_1 - 40\,\alpha_2 + 96\,\alpha_3 - 36\,\alpha_4 &= 27\,Z_3 \\
-14\,\alpha_2 - 57\,\alpha_3 + 212\,\alpha_4 &= \frac{189}{4} Z_4.
\end{aligned}$$

Die Auflösung liefert, wenn

$$\frac{189}{4}(Z_1 + Z_4) = \Sigma_1,\; \frac{189}{4}(Z_1 - Z_4) = T_1,\; 27\,(Z_2 + Z_3) = \Sigma_2;\; 27\,(Z_2 - Z_3) = T_2$$

gesetzt werden:

$$\alpha_1 + \alpha_4 = \frac{56\,\Sigma_1 + 71\,\Sigma_2}{8748};\quad \alpha_2 + \alpha_3 = \frac{212\,\Sigma_2 + 44\,\Sigma_1}{8748}$$

$$\alpha_1 - \alpha_4 = \frac{136\,T_1 + 43\,T_2}{27\,628};\quad \alpha_2 - \alpha_3 = \frac{212\,T_2 + 28\,T_1}{27\,628}$$

Auf Grund dieser Gleichungen, werden die verschiedenen Belastungs möglichkeiten getrennt untersucht.

1. Einfluß einer gleichmäßigen totalen Belastung g t/m.

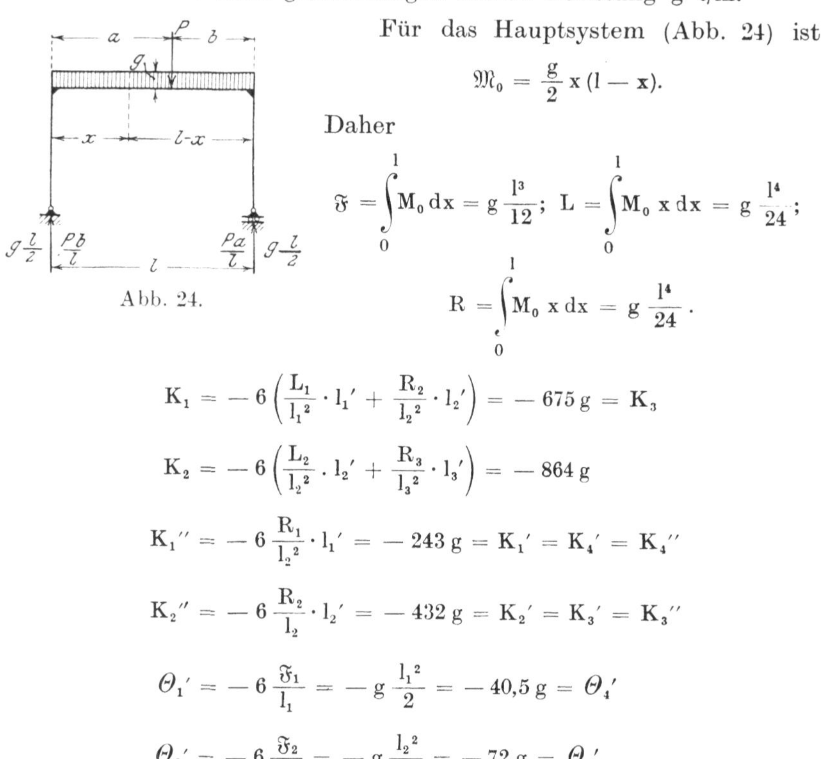

Abb. 24.

Für das Hauptsystem (Abb. 24) ist

$$\mathfrak{M}_0 = \frac{g}{2}\,x\,(l - x).$$

Daher

$$\mathfrak{F} = \int_0^l M_0\,dx = g\,\frac{l^3}{12};\quad L = \int_0^l M_0\,x\,dx = g\,\frac{l^4}{24};$$

$$R = \int_0^l M_0\,x\,dx = g\,\frac{l^4}{24}.$$

$$K_1 = -6\left(\frac{L_1}{l_1^2}\cdot l_1' + \frac{R_2}{l_2^2}\cdot l_2'\right) = -675\,g = K_3$$

$$K_2 = -6\left(\frac{L_2}{l_2^2}\cdot l_2' + \frac{R_3}{l_3^2}\cdot l_3'\right) = -864\,g$$

$$K_1'' = -6\,\frac{R_1}{l_2^2}\cdot l_1' = -243\,g = K_1' = K_4' = K_4''$$

$$K_2'' = -6\,\frac{R_2}{l_2}\cdot l_2' = -432\,g = K_2' = K_3' = K_3''$$

$$\Theta_1' = -6\,\frac{\mathfrak{F}_1}{l_1} = -g\,\frac{l_1^2}{2} = -40{,}5\,g = \Theta_4'$$

$$\Theta_2' = -6\,\frac{\mathfrak{F}_2}{l_2} = -g\,\frac{l_2^2}{2} = -72\,g = \Theta_3'.$$

Nach den Gleichungen IX^a und IX^b ergibt sich:

$$Z_1 = Z_4 = +1{,}73\,g;\quad Z_2 = Z_3 = 1{,}165\,g.$$

Mithin:

$$\Sigma_1 = 163\,g,\ \Sigma_2 = 63\,g,\ T_1 = T_2 = 0.$$

$$\alpha_1 + \alpha_4 = 1{,}555\,g;\ \alpha_2 + \alpha_3 = 2{,}35\,g.$$

$$\alpha_1 = \alpha_4 = 0{,}7775\,g;\ \alpha_2 = \alpha_3 = 1{,}175\,g.$$

Ferner erhält man:

nach Gl. VIII^c,	$Y_0 =$	$+1{,}555\,g$
„ „ VIII^d,	$Y_1 =$	$-3{,}89\ \ g$
„ „ VIIIe.	$X_1 =$	$-4{,}7\ \ g$
„ „ VIII^a, VIII^b,	$X_2 = Y_2 =$	$-5{,}43\ \ g$.

Somit:

$$S_0 = \quad - Y_0 = -1{,}555\,g$$

$$S_1 = X_1 - Y_1 = -0{,}81\,g$$

$$S_2 = X_2 - Y_2 = 0.$$

$$\mathfrak{M}_0 = Y_0 - \alpha_1 h = -3{,}11\,g \qquad \mathfrak{M}_1 = Y_1 - \alpha_2 h = -10{,}94\,g$$

$$M_1 = Y_1 - \alpha_1 h = -9{,}365\,g \qquad M_2 = \mathfrak{M}_2 = X_2 - \alpha_2 h = -12{,}48\,g$$

$$\mathfrak{M}_1^m = g\frac{l_1^2}{8} + \frac{\mathfrak{M}_0 + M_1}{2} = 3{,}8875\,g; \quad \mathfrak{M}_2^m = g\frac{l_2^2}{8} + \frac{\mathfrak{M}_1 + M_2}{2} = +6{,}29\,g.$$

2. Einfluß einer im ersten Felde wandernden Last P.

Im Hauptsystem des ersten Feldes (Abb. 24) ist

$$\text{für } x < a,\ M_0 = \frac{P\,b}{l_1}\,x$$

$$\text{,, } x > a,\ M_0 = \frac{P\,a}{l_1}\,(l_1 - x)$$

Daher

$$\mathfrak{F}_1 = \frac{P\,a\,b}{2},\ \mathfrak{F}_2 = \mathfrak{F}_3 = \mathfrak{F}_4 = 0$$

$$\frac{L_1}{l_1^2} = \frac{P\,a\,b}{6\,l_1^2}(l_1 + a),\ L_2 = L_3 = L_4 = 0$$

$$\frac{R_1}{l_1^2} = \frac{P\,a\,b}{6\,l_1^2}(l_1 + b),\ R_2 = R_3 = R_4 = 0$$

$$K_1 = -6\frac{L_1}{l_1^2}\cdot l_1' = -4\,P\,a\,b\left(\frac{1}{3} + \frac{a}{27}\right),\ K_2 = K_3 = 0$$

$$K_1'' = -6\frac{R_1}{l_1^2}\cdot l_1' = -4\,P\,a\,b\left(\frac{2}{3} - \frac{a}{27}\right),\ K_2'' = K_3'' = K_4'' = 0.$$

$$\Theta_1' = -6\frac{\mathfrak{F}_1}{l_1} = -\frac{P\,a\,b}{3},\ \Theta_2' = \Theta_3' = \Theta_4' = 0.$$

$$\text{Nach Gl. IX}^a\ Z_1 = \frac{P\,a\,b}{21}\left(1 - \frac{13}{243}\,a\right),\ Z_4 = 0$$

$$\text{,, ,, IX}^b\ Z_2 = -\frac{2}{729}\,P\,a^2\,b,\ Z_3 = 0.$$

Somit:

$$\Sigma_1 = T_1 = \frac{P\,a\,b}{4}\left(9 - \frac{13}{27}\,a\right); \qquad \Sigma_2 = T_2 = -\frac{2}{27}\,P\,a^2\,b$$

$$\alpha_1 + \alpha_4 = \frac{P\,a\,b}{8748}(126 - 12a); \qquad \alpha_2 + \alpha_3 = \frac{P\,a\,b}{8748}(99 - 21\,a)$$

$$\alpha_1 - \alpha_4 = \frac{P\,a\,b}{13\,814}\left(153 - \frac{88}{9}\,a\right); \quad \alpha_2 - \alpha_3 = \frac{P\,a\,b}{27\,628}\left(63 - \frac{515}{27}\,a\right).$$

Nach diesen Gleichungen werden die Zahlenwerte der Ordinaten der α-Linien errechnet und in der folgenden Tabelle zusammengestellt.

a	b	$\alpha_1 + \alpha_4$	$\alpha_1 - \alpha_4$	$\alpha_2 + \alpha_3$	$\alpha_2 - \alpha_3$
1,0	8,0	+ 0,1045 P	+ 0,0829 P	+ 0,0714 P	+ 0,0016 P
8	7,0	+ 0,162 ,,	+ 0,1252 ,,	+ 0,0915 ,,	+ 0,0009 ,,
4,5	4,5	+ 0,167 ,,	+ 0,1598 ,,	+ 0,0104 ,,	— 0,00085 ,,
7,0	2,0	+ 0,0675 ,,	+ 0,0856 ,,	— 0,077 ,,	— 0,00255 ,,
8,0	1,0	+ 0,0275 .,	+ 0,0433 ,,	— 0,063 ,,	— 0,00325 ,,

a	b	$2\,\alpha_1$	$2\,\alpha_2$	$2\,\alpha_3$	$2\,\alpha_4$
1,0	8,0	+ 0,1874 P	+ 0,073 P	+ 0,0698 P	+ 0,0216 P
8	7,0	+ 0,2872 ,,	+ 0,0924 ,,	+ 0,0906 ,,	+ 0,0368 ,,
4,5	4,5	+ 0,3258 ,,	+ 0,00955 ,,	+ 0,01125 ,,	+ 0,0072 ,,
7,0	2,0	+ 0,1531 ,,	— 0,07955 ,,	— 0,07345 ,,	+ 0,0181 ,,
8,0	1,0	+ 0,0708 ,,	— 0,06625 ,,	— 0,05975 ,,	— 0,0158 ,,

Aus den α-Linien werden die übrigen Einflußlinien abgeleitet. Es ist beispielsweise nach Gl. VIIIe

$$X_1 = \frac{1}{1296}\left\{-\frac{80}{9}\,P\,a^2\,b + 2208\cdot(2\,\alpha_1) + 576\cdot(2\,\alpha_2) + 384\,(2\,\alpha_3)\right\}$$

$$M_1 = X_1 - \alpha_1\,h = X_1 - 3\,(2\,\alpha_1).$$

3. Einfluß einer gleichmäßigen Temperaturänderung t_0.

Es sei $2\,\varepsilon\,E\,I_c\,t_0 = u$ gesetzt.

Der Reihe nach ergibt sich:

$$K_1' = K_2' = K_3' = K_1'' = K_2'' = K_3'' = 0.$$

$$\Theta_1' = -6\frac{u}{h}\cdot\frac{I_1}{I_c} = -\frac{3}{4}\,u = \Theta_4';\quad \Theta_2' = -6\frac{u}{h}\frac{I_2}{I_c} = -u = \Theta_3'.$$

$$Z_1 = Z_4 = \frac{433}{1512}\cdot u;\quad Z_2 = Z_3 = \frac{13}{27}\,u.$$

$$\Sigma_1 = \frac{433}{16}\,u;\quad \Sigma_2 = 26\,u;\quad T_1 = T_2 = 0.$$

Somit

$$\alpha_1 + \alpha_4 = 0{,}385\,u;\quad \alpha_2 + \alpha_3 = 0{,}768\,u$$

$$\alpha_1 = \alpha_4 = 0{,}1925\,u;\quad \alpha_2 = \alpha_3 = 0{,}384\,u.$$

Nach Gl. VIII^c $Y_0 = +\,0{,}676\,u$

,, ,, VIII^d $Y_1 = +\,2{,}15\,u$

,, ,, VIIIe $X_1 = +\,1{,}512\,u$

,, VIII^a, VIII^b $X_2 = Y_2 = +\,2{,}38\,u.$

$$\mathfrak{M}_0 = Y_0 - \alpha_1 h = -0{,}479\,u, \quad \mathfrak{M}_1 = Y_1 - \alpha_2 h = -0{,}154\,u$$

$$M_1 = X_1 - \alpha_1 h = +0{,}357\,u, \quad M_2 = X_2 - \alpha_2 h = +0{,}076\,u.$$

4. Einfluß einer ungleichmäßigen Erwärmung des Riegels.

Für $\varepsilon E I_c \cdot \frac{\Delta t}{d} = m$ erhält man:

$$K_1 = K_3 = -3\,m\,(l_1 + l_2) = -63\,m; \; K_2 = -3\,m\,(l_2 + l_3) = -72\,m.$$

$$K_1'' = -3\,m\,l_1 = -27\,m; \; K_2'' = K_3'' = -3\,m\,l_2 = -36\,m.$$

$$\Theta_1' = \Theta_4' = -6\,m \cdot \frac{I_1}{I_c} = -4{,}5\,m; \; \Theta_2' = \Theta_3' = -6\,m\,\frac{I_2}{I_c} = -6\,m.$$

$$Z_1 = Z_4 = \frac{67}{252}\,m; \; Z_2 = Z_3 = +\frac{1}{18}\,m;$$

$$\Sigma_1 = \frac{201}{8}\,m; \; \Sigma_2 = 3\,m; \; T_1 = T_2 = 0.$$

Somit:

$$\alpha_1 + \alpha_4 = 0{,}1852\,m; \; \alpha_2 + \alpha_3 = 0{,}196\,m.$$

$$\alpha_1 - \alpha_4 = 0{,}0926\,m; \; \alpha_2 - \alpha_3 = 0{,}098\,m.$$

Nach Gl. VIIIc, $Y_0 = +0{,}1852$ m

„ „ VIIId, $Y_1 = -0{,}391$ m

„ „ VIIIe, $X_1 = -0{,}402$ m

„ „ VIIIa, VIIIb, $X_2 = Y_2 = -0{,}42$ m.

$$\mathfrak{M}_0 = Y_0 - \alpha_1 h = -0{,}3704\,m; \quad \mathfrak{M}_1 = Y_1 - \alpha_2 h = -0{,}979\,m$$

$$M_1 = X_1 - \alpha_1 h = -0{,}9576\,m; \quad M_2 = X_2 - \alpha_2 h = -1{,}008\,m.$$

Diese wenigen Zahlen genügen, um die früher aufgestellte Behauptung, daß bei Rahmenkonstruktionen die Temperaturspannungen nicht unterschätzt werden dürfen, abermals zu bekräftigen.

§ 3. Die Grundgleichungen für wagerechte Kräfte.

Die Zerlegung des Trägergebildes und die Verteilung der äußeren Kräfte auf die einzelnen Hauptsysteme werden wie in Abschnitt 1, § 3 (Abb. 25) durchgeführt und die Bedeutung der Bezeichnungen C_{0r}, H_{0r} weiter beibehalten[1]).

Die Beziehungen zwischen den Stützenwiderständen und den statisch unbestimmten Größen finden in den Gleichungen:

[1]) Vgl. S. 23 und 24.

A. . . . . $C_r = C_{0r} + \frac{M'_{r-1}}{l_r} - M_r' \left(\frac{l_r + l_{r+1}}{l_r \cdot l_{r+1}}\right) + \frac{M'_{r+1}}{l_{r+1}}$

B. . . . . $\left\{\begin{array}{ll} H_0 & = - H_{00} + \alpha_1 \\ H_1 & = - H_{01} + \alpha_2 - \alpha_1 \\ H_2 & = - H_{02} + \alpha_3 - \alpha_2 \\ \dots & \dots \\ H_{n-1} & = - H_{0\,n-1} + \alpha_n - \alpha_{n-1} \\ H_n & = - \alpha_n \end{array}\right.$

C. . . . . $S_r = \beta_{r+1} - \beta_r$

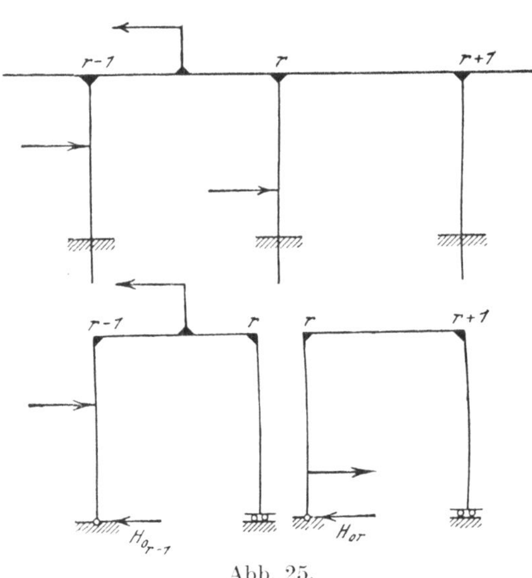

Abb. 25.

ihren typischen Ausdruck, während die Gleichungen der Biegungsmomente und der Achsialkräfte lauten:

$$\left.\begin{array}{l} M_r = M_{0r} + M'_{r-1} + \frac{M_r' - M'_{r-1}}{l_r} \cdot x - \alpha_r h - \beta_r \\ N_r = N_{0r} - \alpha_r \end{array}\right\} \text{für den } r^{\text{ten}} \text{ Riegel}$$

bzw.

$$\left.\begin{array}{l} M_r^v = M_{0r}^v - y(\alpha_{r+1} - \alpha_r) - (\beta_{r+1} - \beta_r) \\ N_r^v = -C_{0r} - \frac{M'_{r-1}}{l_r} + M_r' \frac{(l_r + l_{r+1})}{l_r \cdot l_{r+1}} - \frac{M'_{r+1}}{l_{r+1}} \end{array}\right\} \text{für den } r^{\text{ten}} \text{ Ständer.}$$

Hierbei beziehen sich M_{0r}, M_{0v}, N_{0r} auf das jeweilige Hauptsystem. Die Grundgleichungen

$$\frac{\partial \mathfrak{A}}{\partial M_r'} = \frac{\partial A_i}{\partial M_r'}, \quad \frac{\partial \mathfrak{A}}{\partial \alpha_r} = \frac{\partial A_i}{\partial \alpha_r}, \quad \frac{\partial \mathfrak{A}}{\partial \beta_r} = \frac{\partial A_i}{\partial \beta_r}$$

führen nach Durchführung der Integration zu folgenden Gleichungen:

XIV) . $M'_{r-2} \cdot a_{r-1} + M'_{r-1} \cdot b_r + M_r' \cdot c_r + M'_{r+1} \cdot b_{r+1} +$

$$+ M'_{r+2} \cdot a_{r+1} - 3\,l_r'(h\,\alpha_r + \beta_r) - 3\,l'_{r+1}(h\,\alpha_{r+1} + \beta_{r+1}) = K_r.$$

XV) . . $3(M'_{r-1} + M_r') + \frac{1}{h\,l_r'}(\alpha_{r-1} \cdot u_{r-1} + \alpha_{r+1}\,u_r) -$

$$- \frac{\alpha_r}{h\,l_r'}\left[u_{r-1} + u_r + 6\,h^2 l_r'\left(1 + \frac{I_r}{h_2 F_r}\right)\right] + 3\,\beta_{r-1} \cdot \frac{h'_{r-1}}{l_r'} +$$

$$+ 3\,\beta_{r+1}\frac{h_r'}{l_r'} - \frac{3\,\beta_r}{l_r'}(h'_{r-1} + h_r' + 2\,l_r')$$

$$= \Theta_r - 6\,\mathfrak{N}_r \cdot \frac{I_r}{h\,F_r} + \frac{6\,E\,I_r}{h\,l_r}(H_{o\,r} \cdot \gamma_r' - H_{o\,r-1} \cdot \gamma'_{r-1}) -$$

$$- \frac{6}{h\,l_r'}(\mathfrak{S}_{r-1} - \mathfrak{S}_r).$$

XVI) . $3(M'_{r-1} + M_r') + \frac{3\,h}{l_r'}(\alpha_{r-1} \cdot h'_{r-1} + \alpha_{r+1}\,h_r') -$

$$- \frac{3\,h\,\alpha_r}{l_r'}(h'_{r-1} + h_r' + 2\,l_r') + \beta_{r-1}\frac{6\,v_{r-1}}{l_r'} + \beta_{r+1}\frac{6\,v_r}{l_r'} -$$

$$- \frac{6\,\beta_r}{l_r'}(v_{r-1} + v_r + l_r') =$$

$$= O_r - \frac{6}{h\,l_r'}(\mathfrak{F}^v_{r-1} \cdot h'_{r-1} - \mathfrak{F}^v_r \cdot h_r').$$

Die neuen Belastungsglieder bedeuten:

$\mathfrak{N}_r = \int_0^{l_r} N_{o\,r}\,dx$ den Inhalt der $N_{o\,r}$-Fläche des rten Riegels,

$\mathfrak{F}^v_r = \int_0^h M^v_{o\,r}\,dy$ „ „ „ $M^v_{o\,r}$-Fläche des rten Ständers,

$\mathfrak{S}_r = \int_0^h M^v_{o\,r} \cdot y\,dy$ das statische Moment der letzteren in bezug auf den rten Stützpunkt.

Man erkennt, daß die Grundgleichungen sich ohne weiteres auch bei wagerechter Belastung verwenden lassen.

Im Sonderfall einer in der Riegelachse angreifenden wagerechten

Kraft W (Abb. 26) empfiehlt es sich als Hauptsystem, einen im letzten Stützpunkt eingespannten Freiträger zu wählen. Man setze dann:

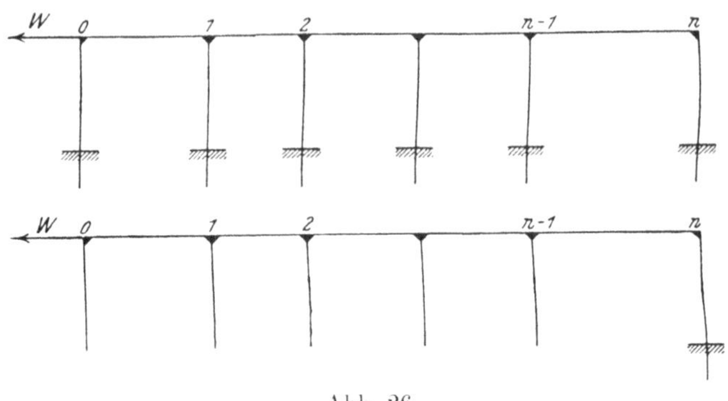

Abb. 26.

$$C_0 = \frac{M_1'}{l_1}$$

$$C_1 = -M_1' \frac{(l_1 + l_2)}{l_1 l_2} + \frac{M_2'}{l_2}$$

$$C_2 = \frac{M_1'}{l_2} - M_2' \frac{(l_2 + l_3)}{l_2 l_3} + \frac{M_3'}{l_3}$$

. . . .

$$C_m = \frac{M'_{m-1}}{l_m} - M'_m \frac{(l_m + l_{m+1})}{l_m \cdot l_{m+1}} + \frac{M'_{m+1}}{l_{m+1}}$$

. . . .

$$C_{n-1} = \frac{M'_{n-2}}{l_{n-1}} - M'_{n-1} \frac{(l_{n-1} + l_n)}{l_{n-1} \cdot l_n} + \frac{M_n'}{l_n}$$

$$C_n = \frac{M'_{n-1} - M_n'}{l_n}$$

$$H_0 = \alpha_1 \qquad S_0 = \beta_1$$

$$H_1 = \alpha_2 - \alpha_1 \qquad S_1 = \beta_2 - \beta_1$$

$$H_2 = \alpha_3 - \alpha_2 \qquad S_2 = \beta_3 - \beta_2$$

. . . .

$$H_n = \alpha_{n+1} - \alpha_n \qquad S_n = \beta_{n+1} - \beta_n$$

und beachte, daß mit Rücksicht auf die Gleichgewichtsbedingungen

$$\alpha_{n+1} = W$$

$$M_n' - \beta_{n+1} = Wh$$

sein müssen. Die Grundgleichungen behalten ihre Gültigkeit, es verschwinden die Belastungsglieder überall, während in den letzten Gleichungen für die Werte α_{n+1} und $(M_n - \beta_{n+1})$, welche als statisch unbestimmte Größen erscheinen, die zuletzt gefundenen Gleichwerte einzuführen sind.

Der Gang einer solchen Untersuchung wird jetzt an einem Beispiel gezeigt.

Beispiel. Der in Abb. 27 dargestellte Rahmen hat 4 gleiche Felder mit gleich beschaffenen Riegeln und Ständern.

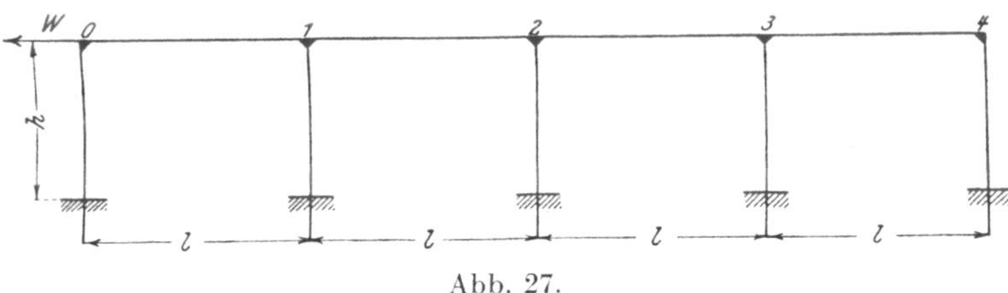

Abb. 27.

Der Einfachheit halber sei der Einfluß der Achsialkräfte auf die Formänderungsarbeit vernachlässigt. Die Bedingungsgleichungen lauten:

$$-6h'Y_0 + 3hh'\alpha_1 = l(2Y_0 + X_1) - 3\alpha_1 hl$$

$$6h'(X_1 - Y_1) + 3hh'(\alpha_2 - \alpha_1) \begin{cases} = -l(Y_0 + 2X_1) + 3\alpha_1 hl \\ = +l(2Y_1 + X_2) - 3\alpha_2 hl \end{cases}$$

$$6h'(X_2 - Y_2) + 3hh'(\alpha_3 - \alpha_2) \begin{cases} = -l(Y_1 + 2X_2) + 3\alpha_2 hl \\ = +l(2Y_2 + X_3) - 3\alpha_3 hl \end{cases}$$

$$6h'(X_3 - Y_3) + 3hh'(\alpha_4 - \alpha_3) \begin{cases} = -l(Y_2 + 2X_3) + 3\alpha_3 hl \\ = +l(2Y_3 + X_4) - 3\alpha_4 hl \end{cases}$$

$$6h'S_4 + 3hh'(\alpha_5 - \alpha_4) = -l(Y_3 + 2X_4) + 3\alpha_4 hl$$

$$Y_0 + X_1 = -\frac{1}{3}\cdot\frac{h}{\mu}\cdot\alpha_2 + \alpha_1\cdot\frac{h}{3}\left(6 + \frac{2}{\mu}\right)$$

$$Y_1 + X_2 = -\frac{1}{3}\cdot\frac{h}{\mu}(\alpha_1 + \alpha_3) + \alpha_2\cdot\frac{h}{3}\left(6 + \frac{2}{\mu}\right)$$

$$Y_2 + X_3 = -\frac{1}{3}\cdot\frac{h}{\mu}(\alpha_2 + \alpha_4) + \alpha_3\cdot\frac{h}{3}\left(6 + \frac{2}{\mu}\right)$$

$$Y_3 + X_4 = -\frac{1}{3}\cdot\frac{h}{\mu}(\alpha_3 + \alpha_5) + \alpha_4\cdot\frac{h}{3}\left(6 + \frac{2}{\mu}\right)$$

wobei $\mu = \frac{l}{h'}$ (vgl. Gl. I^c, II^c u. III^c).

Hierzu liefern die Gleichgewichtsbedingungen:

$$\alpha_5 = W, \quad S_4 = X_4 - Wh.$$

Obige Gleichungen gehen nach den bekannten Umformungen über in:

$$\alpha_1 \left[5 + 7\mu - \varkappa\mu\left(\frac{7}{6} + \frac{\mu}{2}\right)\right] - \alpha_2\left[1 + \mu\left(2 + \frac{\varkappa}{6}\right)\right] - \alpha_3 = 0$$

$$-2\alpha_1(\mu + 1) + \alpha_2(4\mu + 6) - 2\alpha_3(\mu + 1) - \alpha_4 = 0$$

$$-\alpha_1 - 2\alpha_2(\mu + 1) + \alpha_3(4\mu + 6) - 2\alpha_4(\mu + 1) = W$$

$$-\alpha_2 - \alpha_3\left[1 + \mu\left(2 + \frac{\varkappa}{6}\right)\right] + \alpha_4\left[5 + 7\mu - \varkappa\mu\left(\frac{7}{6} + \frac{\mu}{2}\right)\right] = W\left[3 + \frac{\mu}{3}(6 + 5\varkappa)\right]$$

$$\text{wobei } \varkappa = \frac{6\,h'}{6\,h' + l'} \text{ (vgl. Gl. XI}^a\text{, XI).}$$

Durch Auflösung ergibt sich:

$$\alpha_1 + \alpha_4 = \alpha_2 + \alpha_3 = W$$

$$\alpha_1 - \alpha_4 = -W\frac{c_2(6\mu + 8) + \mu\left(2 + \frac{\varkappa}{6}\right)}{c_1(6\mu + 8) - \mu\left(2 + \frac{\varkappa}{6}\right)(2\mu + 1)}$$

$$\alpha_2 - \alpha_3 = -W \cdot \frac{c_1 + c_2(2\mu + 1)}{c_1(6\mu + 8) - \mu\left(2 + \frac{\varkappa}{6}\right)(2\mu + 1)}$$

$$\text{wobei } c_1 = 5 + 7\mu - \varkappa\mu\left(\frac{7}{6} + \frac{\mu}{2}\right)$$

$$c_2 = 3 + \frac{\mu}{3}(6 + 5\varkappa)$$

Für $\mu = \frac{1}{3}$ erhält man beispielsweise:

$$c_1 = 6{,}9115;\ c_2 = 4{,}193$$

$$\alpha_1 - \alpha_4 = -0{,}628\,W;\ \alpha_2 - \alpha_3 = -0{,}205\,W.$$

Mithin

$$\alpha_1 = 0{,}186\,W;\ \alpha_2 = 0{,}3975\,W;\ \alpha_3 = 0{,}6025\,W;\ \alpha_4 = 0{,}814\,W;\ \alpha_5 = 1{,}000\,W$$

$$H_0 = 0{,}186\,W;\ H_1 = 0{,}2115\,W;\ H_2 = 0{,}205\,W;\ H_3 = 0{,}2115\,W;\ H_4 = 0{,}186\,W$$

Ferner nach den Gl. X^c, X^a u. X^b:

$$Y_0 = 0{,}099\,Wh,\quad Y_1 = 0{,}355\,Wh,\quad Y_2 = 0{,}553\,Wh,\quad Y_3 = 0{,}748\,Wh$$

$$X_1 = 0{,}247\,Wh,\quad X_2 = 0{,}448\,Wh,\quad X_3 = 0{,}645\,Wh,\quad X_4 = 0{,}902\,Wh$$

$$S_0 = -0{,}099\,Wh,\ S_1 = -0{,}108\,Wh,\ S_2 = -0{,}105\,Wh,\ S_3 = -0{,}103\,Wh,\ S_4 = -0{,}099\,Wh$$

$$\beta_1 = -0{,}099\,Wh,\quad \beta_2 = -0{,}207\,Wh,\quad \beta_3 = -0{,}312\,Wh,\quad \beta_4 = -0{,}415\,Wh.$$

$$M_1' = +0{,}148\,Wh,\quad M_2' = +0{,}241\,Wh,\quad M_3 = +0{,}333\,Wh,\quad M_4' = +0{,}487\,Wh$$

$$C_0 = -C_4 = +0{,}148\frac{Wh}{l};\ C_1 = -C_3 = -0{,}058\frac{Wh}{l};\ C_2 = \pm 0{,}0.$$

Die endgültigen Knotenpunktsmomente betragen:

$$\mathfrak{M}_0 = Y_0 - \alpha_1 h = -0{,}086 \;Wh$$

$$M_1 = X_1 - \alpha_1 h = +0{,}061 \;Wh$$

$$\mathfrak{M}_1 = Y_1 - \alpha_2 h = -0{,}0425\;Wh$$

$$M_2 = X_2 - \alpha_2 h = +0{,}0505\;Wh$$

$$\mathfrak{M}_2 = Y_2 - \alpha_3 h = -0{,}0495\;Wh$$

$$M_3 = X_3 - \alpha_3 h = +0{,}0425\;Wh$$

$$\mathfrak{M}_3 = Y_3 - \alpha_4 h = -0{,}066 \;Wh$$

$$M_4 = X_4 - \alpha_4 h = +0{,}088 \;Wh$$

Bemerkung: Die Zahlenwerte dieses Beispiels sind mit dem Rechenschieber ermittelt worden: daher die geringen Ungenauigkeiten in der 3. Dezimale.

III. Abschnitt.

Der durchlaufende Doppelrahmen.

§ 1. Entwicklung der Grundgleichungen.

Unter einem durchlaufenden Doppelrahmen sei ein Trägergebilde verstanden, welches aus zwei wagerechten, vollwandigen Riegeln und mehreren, mit ihnen starr verbundenen lotrechten Ständern besteht. (Abb. 28.)

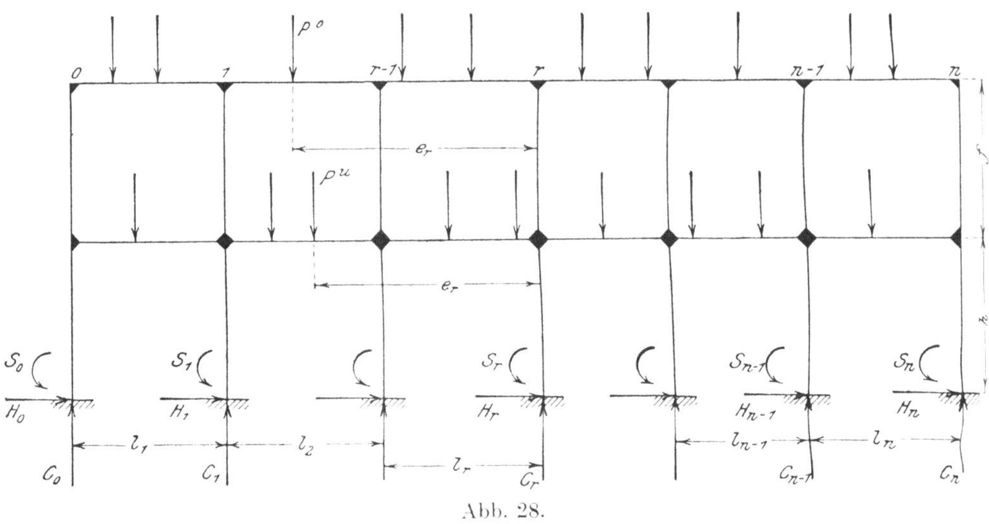

Abb. 28.

Um die Untersuchung möglichst allgemein zu gestalten, wird eine Einspannung der Ständer an ihrem unteren Ende vorausgesetzt: im einfacheren Falle einer gelenkartigen Stützung, bietet die Umformung der Elastizitätsgleichungen keine Schwierigkeiten.

Wir bezeichnen mit

l_r die Spannweite des r^{ten} Feldes,

h die Höhe des Unterrahmens,

f die Höhe des Oberrahmens,

I_r^0 das mittlere Trägheitsmoment des r^{ten} Oberriegels,

I_r^u das mittlere Trägheitsmoment des r^{ten} Unterriegels,

I_r^{0v} das mittlere Trägheitsmoment des r^{ten} Oberständers

I_r^{uv} das mittlere Trägheitsmoment des r^{ten} Unterständers,
F_r^0 den mittleren Querschnittsinhalt des r^{ten} Oberriegels,
F_r^u den mittleren Querschnittsinhalt des r^{ten} Unterriegels,
F_r^{0v} den mittleren Querschnittsinhalt des r^{ten} Oberständers,
F_r^{uv} den mittleren Querschnittsinhalt des r^{ten} Unterständers,
I_c ein beliebiges, als Vergleichsmaß dienendes Trägheitsmoment.

Der Einspannungswiderstand wird, wie im vorigen Abschnitt, durch den lotrechten Stützendruck C_r, den wagerechten Schub H_r und das Moment S_r dargestellt (Abb. 28).

Unmittelbar vor den Anschlußstellen der beiden Rahmen führen wir einen wagerechten Schnitt durch (Abb. 29) und ersetzen die auftretenden Spannkräfte durch 3 an jedem Knotenpunkt angreifende Kraftgrößen D_r, G_r, T_r.

Durch diese Zerlegung erhalten wir zwei durchlaufende Rahmenträger mit eingespannten Ständern.

Sowohl die virtuellen Stützenwiderstände D_r, G_r, T_r des Oberrahmens als die wirklichen Widerstände C_r, H_r, S_r des Unterrahmens müssen mit den zugehörigen Belastungen in Gleichgewicht sein: es müssen daher 6 Gleichgewichtsbedingungen erfüllt werden. Sind n Doppelfelder, (n + 1) Ständer vorhanden, so ist das ganze Gebilde 6 **n**-fach statisch unbestimmt.

Für jedes Doppelfeld werden 2 Hauptsysteme (Abb. 30) in der Form eines einfachen Rahmens mit einem festen und einem beweglichen Lager gebildet. Das erstere hat die Belastung des r^{ten} Oberriegels, das zweite die Belastung des r^{ten} Unterriegels zu tragen: die entsprechenden Auflagerreaktionen und Biegungsmomente werden mit A_r^o, B_r^o, M_{0r}^o bzw. A_r^u, B_r^u, M_{0r}^u bezeichnet. Es werden dann

$$A_{r+1}^o + B_r^o = D_{or}$$

$$A_{r+1}^u + B_r^u = C_{or}$$

gesetzt.

Aus den 6 n Werten C, D, H, G, S, T werden 6 Gruppen von Funktionen gebildet.

1. Gruppe. A mit n Gliedern:

A. . $M_1' = (C_0 - D_0)\, l_1 - \Sigma P^u e_1$

$M_2' = (C_0 - D_0)(l_1 + l_2) + (C_1 - D_1)\, l_2 - \Sigma P^u e_2$

$M_3' = (C_0 - D_0)(l_1 + l_2 + l_3) + (C_1 - D_1)(l_2 + l_3) + (C_2 - D_2)\, l_3 - \Sigma P^u e_3$

. . . .

$$M'_m = (C_0 - D_0)(l_1 + l_2 + \cdots + l_m) + (C_1 - D_1)(l_2 + l_3 + \cdots + l_m) + \cdots + (C_{m-1} - D_{m-1})\, l_m - \Sigma P^u e_m$$

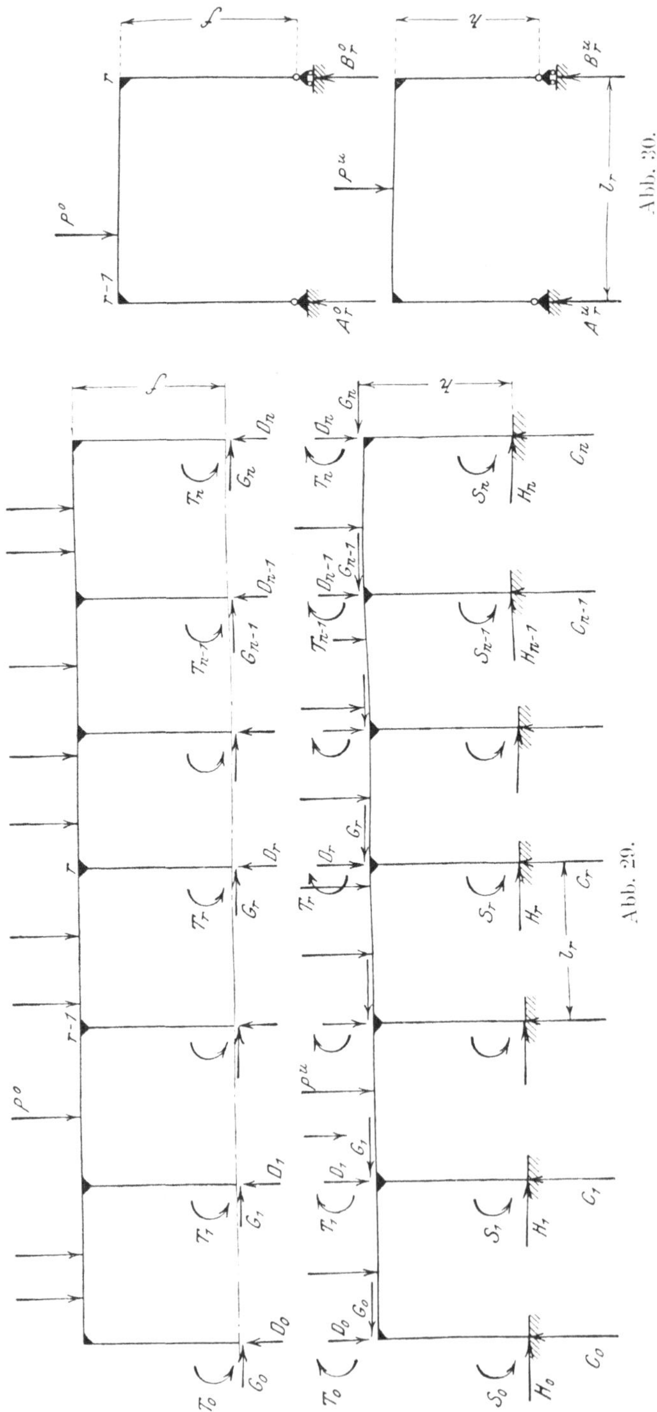

Abb. 30.

Abb. 29.

Unter $\Sigma P^u e_m$ ist das statische Moment der links vom Punkte m befindlichen lotrechten Lasten P^u des Unterriegels in bezug auf diesen Punkt verstanden.

2. Gruppe B mit n Gliedern:

B. . . . .
$$\alpha_1 = H_0$$
$$\alpha_2 = H_0 + H_1$$
$$\alpha_3 = H_0 + H_1 + H_2$$
. . . .
$$\alpha_m = H_0 + H_1 + H_2 + \cdots + H_{m-1}$$

3. Gruppe C mit n Gliedern:

C. . . . .
$$\beta_1 = S_0$$
$$\beta_2 = S_0 + S_1$$
$$\beta_3 = S_0 + S_1 + S_2$$
. . . .
$$\beta_m = S_0 + S_1 + S_2 + \cdots + S_{m-1}$$

4. Gruppe D mit n Gliedern:

D. . .
$$\mathfrak{M}_1' = D_0 l_1 - \Sigma P^o e_1$$
$$\mathfrak{M}_2' = D_0 (l_1 + l_2) - \Sigma P^o e_2 + D_1 l_2$$
$$\mathfrak{M}_3' = D_0 (l_1 + l_2 + l_3) + D_1 (l_2 + l_3) + D_2 l_3 - \Sigma P^o e_3$$
. . . .
$$\mathfrak{M}'_m = D_0 (l_1 + l_2 + \cdots + l_m) + D_1 (l_2 + l_3 + \cdots l_m) + D_2 (l_3 + \cdots + l_m) + \cdots + D_{m-1} l_m - \Sigma P^o e_m$$

Unter $\Sigma P^o e_m$ ist das statische Moment der links vom Punkte m befindlichen lotrechten Lasten P^o des Oberriegels in bezug auf diesen Punkt verstanden.

5. Gruppe E mit n Gliedern:

E. . . . .
$$\alpha_1' = G_0$$
$$\alpha_2' = G_0 + G_1$$
$$\alpha_3' = G_0 + G_1 + G_2$$
. . . .
$$\alpha'_m = G_0 + G_1 + G_2 + \cdots + G_{m-1}$$

6. Gruppe F mit n Gliedern:

F. . . . .
$$\beta_1' = T_0$$
$$\beta_2' = T_0 + T_1$$
$$\beta_3' = T_0 + T_1 + T_2$$
. . . .
$$\beta_m' = T_0 + T_1 + T_2 + \cdots + T_{m-1}$$

Aus diesen 6 Gleichungssystemen werden die folgenden Beziehungen abgeleitet:

*A*a. . . .
$$C_0 - D_0 = C_{00} + \frac{M_1'}{l_1}$$
$$C_1 - D_1 = C_{01} - M_1' \frac{(l_1 + l_2)}{l_1 l_2} + \frac{M_2'}{l_2}$$
$$C_2 - D_2 = C_{02} + \frac{M_1'}{l_2} - M_2' \frac{(l_2 + l_3)}{l_2 l_3} + \frac{M_3'}{l_3}$$
. . . .
$$C_m - D_m = C_{om} + \frac{M'_{m-1}}{l_m} - M'_m \frac{(l_m + l_{m+1})}{l_m \cdot l_{m+1}} + \frac{M'_{m+1}}{l_{m+1}}$$
. . . .
$$C_{n-1} - D_{n-1} = C_{on-1} + \frac{M'_{n-2}}{l_{n-1}} - M'_{n-1} \frac{(l_{n-1} + l_n)}{l_{n-1} \cdot l_n} + \frac{M'_n}{l_n}$$
$$C_n - D_n = C_{on} + \frac{M'_{n-1} - M_n'}{l_n}$$

*B*a. . . . .
$$H_0 = \alpha_1$$
$$H_1 = \alpha_2 - \alpha_1$$
. . . .
$$H_m = \alpha_{m+1} - \alpha_m$$

*C*a. . . . .
$$S_0 = \beta_1$$
$$S_1 = \beta_2 - \beta_1$$
. . . .
$$S_m = \beta_{m+1} - \beta_m$$

Da. . . . .
$$D_0 = D_{00} + \frac{\mathfrak{M}_1'}{l_1}$$

$$D_1 = D_{01} - \mathfrak{M}_1' \frac{(l_1 + l_2)}{l_1 l_2} + \frac{\mathfrak{M}_2'}{l_2}$$

$$D_2 = D_{02} + \frac{\mathfrak{M}_1'}{l_2} - \mathfrak{M}_2' \frac{(l_2 + l_3)}{l_2 l_3} + \frac{\mathfrak{M}_3'}{l_3}$$

. . . .

$$D_m = D_{om} + \frac{\mathfrak{M}'_{m-1}}{l_m} - \mathfrak{M}'_m \frac{(l_m + l_{m+1})}{l_m \cdot l_{m+1}} + \frac{\mathfrak{M}'_{m+1}}{l_{m+1}}$$

. . . .

$$D_{n-1} = D_{on-1} + \frac{\mathfrak{M}'_{n-2}}{l_{n-1}} - \mathfrak{M}'_{n-1} \frac{(l_{n-1} + l_n)}{l_{n-1} \cdot l_n} + \frac{\mathfrak{M}'_n}{l_n}$$

$$D_n = D_{on} + \frac{\mathfrak{M}'_{n-1} - \mathfrak{M}'_n}{l_n}$$

Ea. . . . .
$$G_0 = \alpha_1'$$

$$G_1 = \alpha_2' - \alpha_1'$$

. . . .

$$G_m = \alpha'_{m+1} - \alpha'_m$$

Fa. . . . .
$$T_0 = \beta_1'$$

$$T_1 = \beta_2' - \beta_1'$$

. . . .

$$T_m = \beta'_{m+1} - \beta'_m$$

Zieht man auch die Gleichgewichtsbedingungen

$$\alpha_n + H_n = 0, \qquad \alpha'_n + G_n = 0$$

$$M'_n - (\beta_n + S_n) = 0, \quad \mathfrak{M}'_n - (\beta'_n + T_n) = 0$$

in Betracht, so erkennt man, daß mit Hilfe der 6 n Funktionen M', $\mathfrak{M}'$, α, α', β, β' sämtliche virtuelle und wirkliche Stützenwiderstände ermittelt werden können.

Diese Funktionen werden als statisch unbestimmte Größen des Doppelrahmens gewählt.

Die Gleichungen der Biegungsmomente M und der Achsialkräfte N lauten:

a) für den m[ten] Oberriegel (Abb. 31).

$$1. \dots \begin{cases} M^o_m = M^o_{om} + \mathfrak{M}'_{m-1} + \dfrac{\mathfrak{M}'_m - \mathfrak{M}'_{m-1}}{l_m} \cdot x - (f \cdot \alpha'_m + \beta'_m) \\ N^o_m = -\alpha'_m \end{cases}$$

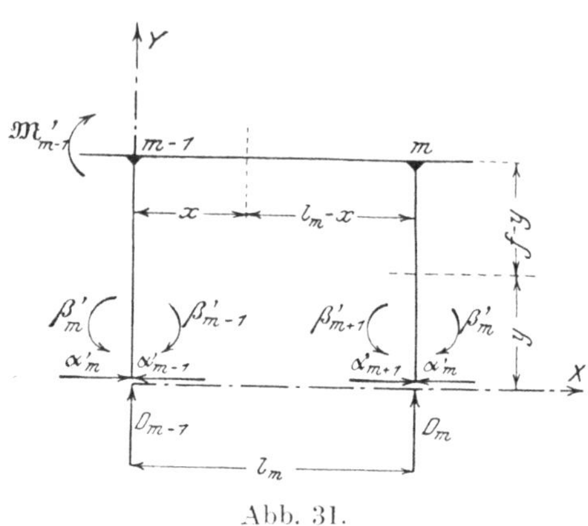

Abb. 31.

b) für den m[ten] Unterriegel (Abb. 32).

$$2. \dots \begin{cases} M^u_m = M^u_{om} + M'_{m-1} + \dfrac{M'_m - M'_{m-1}}{l_m} \cdot x - h\,\alpha_m - (\beta_m - \beta'_m) \\ N^u_m = \alpha'_m - \alpha_m \end{cases}$$

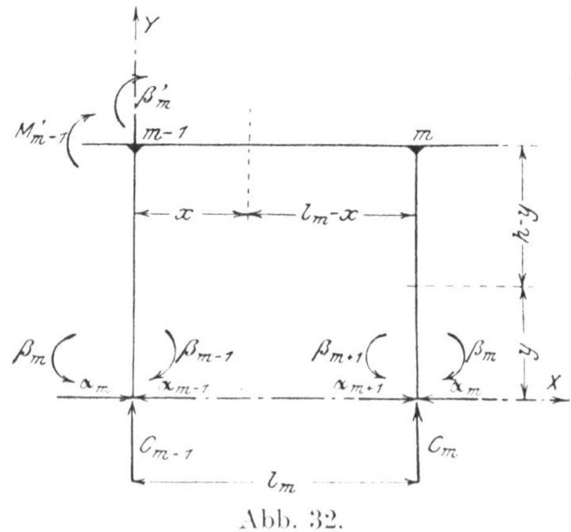

Abb. 32.

c) für den m[ten] Oberständer (Abb. 31).

$$3. \dots \begin{cases} M^{ov}_m = \beta'_m - \beta'_{m+1} + y\,(\alpha'_m - \alpha'_{m+1}) \\ N^{ov}_m = -D_{om} - \dfrac{\mathfrak{M}'_{m-1}}{l_m} + \mathfrak{M}'_m \dfrac{(l_m + l_{m+1})}{l_m \cdot l_{m+1}} - \dfrac{\mathfrak{M}'_{m+1}}{l_{m+1}} \end{cases}$$

d) für den m^{ten} Unterständer (Abb. 32).

$$4. \dots \left\{ \begin{aligned} M_m^{uv} &= \beta_m - \beta_{m+1} + y(\alpha_m - \alpha_{m+1}) \\ N_m^{uv} &= -(C_{om} + D_{om}) - \frac{1}{l_m}(M'_{m-1} + \mathfrak{M}'_{m-1}) \\ &\quad + \frac{l_m + l_{m+1}}{l_m \cdot l_{m+1}}(M'_m + \mathfrak{M}'_m) - \frac{1}{l_{m+1}}(M'_{m+1} + \mathfrak{M}'_{m+1}) \end{aligned} \right.$$

Zur Berechnung der 6 Gruppen M', $\mathfrak{M}'$, α, α', β, β' stehen uns 6 Gleichungssysteme in der Form

$$\text{I)} \dots \frac{\partial \mathfrak{A}}{\partial M'_m} = \frac{\partial A_i}{\partial M'_m},$$

$$\text{II)} \dots \frac{\partial \mathfrak{A}}{\partial \alpha_m} = \frac{\partial A_i}{\partial \alpha_m},$$

$$\text{III)} \dots \frac{\partial \mathfrak{A}}{\partial \beta_m} = \frac{\partial A_i}{\partial \beta_m},$$

$$\text{IV)} \dots \frac{\partial \mathfrak{A}}{\partial \mathfrak{M}'_m} = \frac{\partial A_i}{\partial \mathfrak{M}'_m},$$

$$\text{V)} \dots \frac{\partial \mathfrak{A}}{\partial \alpha'_m} = \frac{\partial A_i}{\partial \alpha'_m},$$

$$\text{VI)} \dots \frac{\partial \mathfrak{A}}{\partial \beta'_m} = \frac{\partial A_i}{\partial \beta'_m}$$

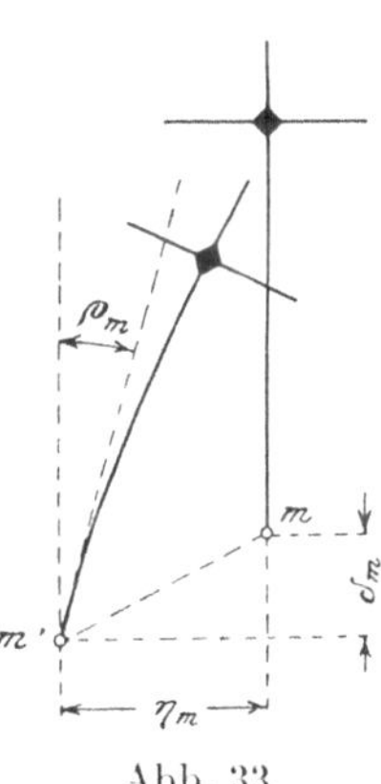

Abb. 33.

zur Verfügung.

Hierbei bedeuten wie früher $\mathfrak{A}$ die Arbeit der Stützenwiderstände und A_i die Arbeit der inneren Spannkräfte[1]).

Um den Wert $\mathfrak{A}$ zu ermitteln, nehmen wir an, daß die Bewegung des m^{ten} unteren Stützpunktes durch eine lotrechte Verschiebung δ_m, eine wagerechte Verschiebung η_m und eine Drehung ρ_m (Abb. 33) dargestellt werden kann, derartig daß:

$$\delta_m = \delta_{0m} + C_m \cdot \delta'_m$$

$$\eta_m = \eta_{0m} + H_m \cdot \eta'_m$$

$$\rho_m = \rho_{0m} + S_m \cdot \rho'_m$$

gesetzt werden kann; die 3 Werte δ', η' und ρ' stellen hierbei das Elastizitätsmaß der Stützung[2]) dar. Es ist daher

$$\mathfrak{A} = -\Sigma(C_m \cdot \delta_m + H_m \cdot \eta_m + S_m \cdot \rho_m).$$

[1]) Vgl. S. 5.

[2]) Vgl. S. 6 u. 32.

Der Einfluß der Temperatur setzt sich aus einer gleichmäßigen Temperaturänderung t_0 für das gesamte Trägergebilde, aus einer ungleichmäßigen Temperaturänderung $\varDelta t^o$ des Oberriegels und aus einer ungleichmäßigen Temperaturänderung $\varDelta t^u$ des Unterriegels zusammen.

Die stellvertretenden Längen des Systems werden mit

$$k'_m = l_m \cdot \frac{I_c}{I^o_m}, \qquad l'_m = l_m \frac{I_c}{I^u_m},$$

$$f'_m = f \cdot \frac{I_c}{I^{o\,v}_m}. \qquad h'_m = h \cdot \frac{I_c}{I^{u\,v}_m},$$

$$k''_m = k'_m \left(1 + \frac{I^o_m}{f^2 \cdot F^o_m}\right), \qquad l''_m = l'_m \left(1 + \frac{I^u_m}{h^2 F^u_m}\right)$$

bezeichnet.

Nach Durchführung der Integration ergibt sich der Reihe nach

a) aus Gl. I:

$$\left.\begin{array}{l} a_{m-1} (M'_{m-2} + \mathfrak{M}'_{m-2}) + a_{m+1} (\mathfrak{M}'_{m+2} + M'_{m+2}) \\ + b_m \cdot M'_{m-1} + (b_m - l'_m) \mathfrak{M}'_{m-1} + \\ \quad + (b_{m+1} - l'_{m+1}) \mathfrak{M}'_{m+1} + b_{m+1} M'_{m+1} \\ + c_m \cdot M'_m + [c_m - 2 (l'_m + l'_{m+1})] \mathfrak{M}'_m - \\ \quad - 3 l'_m (h \alpha_m + \beta_m - \beta'_m) - 3 l'_{m+1} (h \alpha_{m+1} + \beta_{m+1} - \beta'_{m+1} \end{array}\right\} = K_m,$$

wobei

$$\omega_m = \delta'_m + \frac{h}{E F^{u\,v}_m}$$

$$a_m = \frac{6 E I_c \omega_m}{l_m \cdot l_{m+1}}$$

$$b_m = l'_m - a_{m-1} \frac{(l_{m-1} + l_m)}{l_m} - a_m \frac{(l_m + l_{m+1})}{l_m}$$

$$c_m = 3 (l'_m + l'_{m+1}) - (a_{m-1} + a_{m+1}) - (b_m + b_{m+1})$$

$$K_m = \left\{\begin{array}{l} - 6 \left(\frac{L^u_m}{l^2_m} \cdot l'_m + \frac{R^u_{m+1}}{l^2_{m+1}} \cdot l'_{m+1}\right) - 3 \varepsilon E I_c \cdot \left(\frac{\varDelta t_u}{d}\right) (l_m + l_{m+1}) - \\ \quad - 6 E I_c \left[\frac{\delta_{0\,m-1}}{l_m} - \delta_{0\,m} \frac{(l_m + l_{m+1})}{l_m \cdot l_{m+1}} + \frac{\delta_{0\,m+1}}{l_{m+1}}\right] \\ - [a_{m-1} \cdot l_{m-1} (C_{0\,m-1} + D_{0\,m-1}) - a_m (l_m + l_{m+1}) (C_{0\,m} + D_{0\,m}) + \\ \quad + a_{m+1} \cdot l_{m+2} (C_{0\,m+1} + D_{0\,m+1})]. \end{array}\right.$$

$$L^u_m = \int_0^{l_m} M^u_{o\,m}\, x \cdot dx$$

$$R^u_{m+1} = \int_0^{l_{m+1}} M^u_{0\,m+1} \cdot dx\,(l_{m+1} - x).$$

b) aus Gl. II:

$$\left.\begin{array}{l} 3\,(M'_{m-1} + M'_m) + \dfrac{1}{h\,l'_m}(\alpha_{m-1} \cdot u_{m-1} + \alpha_{m+1} \cdot u_m) - \\ \quad - \dfrac{\alpha_m}{h\,l'_m}(u_{m-1} + u_m + 6\,h^2\,l''_m) \\ + \dfrac{3}{l'_m}(\beta_{m-1} \cdot h'_{m-1} + \beta_{m+1} \cdot h'_m) - \\ \quad - 3\,\dfrac{\beta_m}{l'_m}(h'_{m-1} + h'_m + 2\,l'_m) + 6\,\beta'_m + \dfrac{6\,\alpha'_m \cdot I^u_m}{h \cdot F^u_m} \end{array}\right\} = \Theta_m,$$

wobei:

$$u_m = 2\,h^2\,h'_m + 6\,E\,I_c \cdot \gamma'_m$$

$$\Theta_m = -6\,\frac{\mathfrak{F}^u_m}{l_m} - 6\,E\,I^u_m\left[\frac{\gamma_{0\,m} - \gamma_{0\,m-1}}{l_m} + \frac{\varepsilon\,t}{h} + \varepsilon\left(\frac{\Delta\,t^u}{d}\right)\right]$$

$$\mathfrak{F}^u_m = \int_0^{l_m} M^u_{o\,m} \cdot dx.$$

c) aus Gl. III:

$$\left.\begin{array}{l} 3\,(M'_{m-1} + M'_m) + \dfrac{3\,h}{l'_m}(\alpha_{m-1} \cdot h'_{m-1} + \alpha_{m+1} \cdot h'_m) - \\ \quad - \dfrac{\alpha_m\,3\,h}{l'_m}(h'_{m-1} + h'_m + 2\,l'_m) \\ + \dfrac{6}{l'_m}(\beta_{m-1} \cdot v_{m-1} + \beta_{m+1} \cdot v_m) - 6\,\dfrac{\beta_m}{l'_m}(v_{m-1} + v_m + l'_m) \\ \quad + 6\,\beta'_m \end{array}\right\} = O_m,$$

wobei:

$$v_m = h'_m + E\,I_c \cdot \rho'_m$$

$$O_m = -6\,\frac{\mathfrak{F}^u_m}{l_m} - 6\,E\,I^u_m\left[\frac{\rho_{0\,m} - \rho_{0\,m-1}}{l_m} + \varepsilon\left(\frac{\Delta\,t^u}{d}\right)\right].$$

d) aus Gl. IV:

$$\left\{\begin{array}{l} M'_{m-2}\cdot a_{m-1} + \mathfrak{M}'_{m-2}\cdot a'_{m-1} + \mathfrak{M}'_{m+2}\cdot a'_{m+1} + M'_{m+2}\cdot a_{m+1} \\ + (b_m - l'_m)\, M'_{m-1} + b'_m\cdot \mathfrak{M}'_{m-1} + b'_{m+1}\cdot \mathfrak{M}'_{m+1} + \\ \qquad + (b_{m+1} - l'_{m+1})\, M'_{m+1} \\ + [c_m - 2\,(l'_m + l'_{m+1})]\, M'_m + c'_m\cdot \mathfrak{M}'_m - \\ \qquad - 3\,k'_m\,(\beta'_m + f\cdot\alpha'_m) - 3\,k'_{m+1}\,(\beta'_{m+1} + f\,\alpha'_{m+1}) \end{array}\right\} = Z_m$$

wobei:

$$\omega'_m = \delta'_m + \frac{h\left(F^{o\,v}_m + F^{u\,v}_m\right)}{E\cdot F^{o\,v}_m\cdot F^{u\,v}_m}$$

$$a'_m = \frac{6\,E\,I_c\cdot\omega'_m}{l_m\cdot l_{m+1}}$$

$$b'_m = k'_m - a'_{m-1}\,\frac{(l_{m-1} + l_m)}{l_m} - a'_m\,\frac{(l_m + l_{m+1})}{l_m}$$

$$c'_m = 3\,(k'_m + k'_{m+1}) - (a'_{m-1} + a'_{m+1}) - (b'_m + b'_{m+1}).$$

$$Z_m = \left\{\begin{array}{l} -6\left(\frac{L^0_m}{l^2_m}\cdot k'_m + \frac{R^0_{m+1}}{l^2_{m+1}}\cdot k'_{m+1}\right) - 3\,\varepsilon\,E\,I_c\left(\frac{\varDelta t^0}{d}\right)(l_m + l_{m+1}) - \\ \qquad - 6\,E\,I_c\left[\frac{\delta_{0\,m-1}}{l_m} - \delta_{0\,m}\left(\frac{l_m + l_{m+1}}{l_m\cdot l_{m+1}}\right) + \frac{\delta_{0\,m+1}}{l_{m+1}}\right] \\ - [l_{m-1}\,(C_{0\,m-1}\cdot a_{m-1} + D_{0\,m-1}\cdot a'_{m-1}) - \\ \qquad - (l_m + l_{m+1})\,(C_{0\,m}\cdot a_m + D_{0\,m}\cdot a'_m) + l_{m+2}\,(C_{0\,m+1}\cdot a_{m+2} + D_{0\,m+1}\cdot a'_{m+2})] \end{array}\right.$$

$$L^0_m = \int_0^{l_m} M^0_{0\,m}\,x\,dx; \qquad R^0_{m+1} = \int_0^{l_{m+1}} M^0_{0\,m+1}\,(l_{m+1} - x)\,dx.$$

e) aus Gl. V:

$$\left\{\begin{array}{l} 3\,(\mathfrak{M}'_{m-1} + \mathfrak{M}'_m) + \frac{2\,f}{k'_m}\,(\alpha'_{m-1}\cdot f'_{m-1} + \alpha'_{m+1}\cdot f'_m) - \\ \qquad\qquad - \frac{2\,f}{k'_m}\cdot\alpha'_m\,(f'_{m-1} + f'_m + 6\,k''_m) \\ + \frac{3}{k'_m}\,(\beta'_{m-1}\cdot f'_{m-1} + \beta'_{m+1}\cdot f'_m) - \\ \qquad\qquad - \frac{3\,\beta'_m}{k'_m}\,(f'_{m-1} + f'_m + 2\,k'_m) - 6\,\alpha_m\cdot\frac{I^u_m}{f\cdot F^u_m} \end{array}\right\} = \Omega_m,$$

wobei:

$$\Omega_m = -6\frac{\mathfrak{F}_m^0}{l_m} - 6\,E\,I_m^0\left[\frac{\varepsilon\,t}{f} + \varepsilon\left(\frac{\varDelta t^0}{d}\right)\right]$$

$$\mathfrak{F}_m^0 = \int_0^{l_m} M_{0m}^0 \cdot dx.$$

f) aus Gl. VI:

$$\left\{\begin{array}{l} 3\,l'_m(M'_{m-1} + M'_m) - 3\,k'_m(\mathfrak{M}'_{m-1} + \mathfrak{M}'_m) - \\ \qquad - 3\,f(\alpha'_{m-1}\cdot f'_{m-1} + \alpha'_{m+1}\,f'_m) + 6\,l'_m(\beta'_m - \beta_m - h\,\alpha_m) \\ + 3\,f\cdot\alpha'_m(f'_{m-1} + f'_m + 2\,k'_m) - \\ \qquad - 6\,(\beta'_{m-1}\cdot f'_{m-1} + \beta'_{m+1}\cdot f'_m) + 6\,\beta'_m(f'_{m-1} + f'_m + k'_m) \end{array}\right\} = Q_m,$$

wobei:

$$Q_m = 6\left(\mathfrak{F}_m^0\cdot\frac{k'_m}{l_m} - \mathfrak{F}_m^u\cdot\frac{l'_m}{l_m}\right) + 6\,E\,I_c\,l_m\left[\left(\frac{\varDelta t^0}{d}\right) - \left(\frac{\varDelta t^u}{d}\right)\right].$$

Die Lösung dieser 6 Gleichungssysteme bietet in der allgemeinen, theoretisch streng genauen Fassung, nicht unerhebliche Schwierigkeiten. Um den Rechnungsgang den Bedürfnissen der Praxis entsprechend, zu erleichtern, empfiehlt es sich, auf Grund gleicher Erwägungen wie bei den früheren Untersuchungen, den Einfluß der Achsialkräfte auf die Formänderungsarbeit zu vernachlässigen und die Voraussetzung zuzulassen, daß die Ausdrücke δ'_m, η'_m und ρ'_m aus der Rechnung ausgeschaltet werden dürfen.

Die Grundgleichungen lauten dann:

$$\text{I)}\ \ldots\ K_m = \left\{\begin{array}{l} M'_{m-1}\cdot l'_m + 2\,M'_m(l'_m + l'_{m+1}) + M'_{m+1}\,l'_{m+1} \\ -3\,l'_m(h\,\alpha_m + \beta_m - \beta'_m) - 3\,l'_{m+1}(h\,\alpha_{m+1} + \beta_{m+1} - \beta'_{m+1}). \end{array}\right.$$

$$\text{II)}\ \ldots\ \Theta_m = \left\{\begin{array}{l} 3\,(M'_{m-1} + M'_m + 2\,\beta'_m) + \\ \qquad + 2\cdot\frac{h}{l'_m}[\alpha_{m-1}\cdot h'_{m-1} + \alpha_{m+1}\cdot h'_m - \alpha_m(h'_{m-1} + h'_m + 3\,l'_m)] \\ + \frac{3}{l'_m}[\beta_{m-1}\cdot h'_{m-1} + \beta_{m+1}\cdot h'_m - \beta_m(h'_{m-1} + h'_m + 2\,l'_m)]. \end{array}\right.$$

$$\text{III)}\ \ldots\ O_m = \left\{\begin{array}{l} 3\,(M'_{m-1} + M'_m + 2\,\beta'_m) + \\ \qquad + 3\,\frac{h}{l'_m}[\alpha_{m-1}\cdot h'_{m-1} + \alpha_{m+1}\cdot h'_m - \alpha_m(h'_{m-1} + h'_m + 2\,l'_m)] \\ + \frac{6}{l'_m}[\beta_{m-1}\cdot h'_{m-1} + \beta_{m+1}\cdot h'_m - \beta_m(h'_{m-1} + h'_m + l'_m)]. \end{array}\right.$$

$$\text{IV)} \ldots \mathrm{Z_m} = \mathfrak{M}'_{m-1} \cdot k'_m + 2\,\mathfrak{M}'_m (k'_m + k'_{m+1}) + \\ + \mathfrak{M}'_{m+1} \cdot k'_{m+1} - 3\,k'_m (f\,\alpha'_m + \beta'_m) - 3\,k'_{m+1} (f\,\alpha'_{m+1} + \beta'_{m+1})$$

$$\text{V)} \ldots \Omega_m = \left\{ \begin{array}{l} 3\,(\mathfrak{M}'_{m-1} + \mathfrak{M}'_m - 2\,\beta'_m - 2\,f\,\alpha'_m) + \\ \qquad + \dfrac{2\,f}{k'_m} [\alpha'_{m-1} \cdot f'_{m-1} + \alpha'_{m+1} \cdot f'_m - \alpha'_m (f'_{m-1} + f'_m)] + \\ + \dfrac{3}{k'_m} [\beta'_{m-1} \cdot f'_{m-1} + \beta'_{m+1} \cdot f'_m - \beta'_m (f'_{m-1} + f'_m)] \end{array} \right.$$

$$\text{VI)} \ldots Q_m = \left\{ \begin{array}{l} 3\,[l'_m (M'_{m-1} + M'_m + 2\,\beta'_m - 2\,\beta_m - 2\,h\,\alpha_m) - \\ \qquad - k'_m (\mathfrak{M}'_{m-1} + \mathfrak{M}'_m - 2\,\beta'_m - 2\,f\,\alpha'_m)] - \\ - 6\,[\beta'_{m-1} \cdot f'_{m-1} + \beta'_{m+1} \cdot f'_m - \beta'_m (f'_{m-1} + f'_m)] - \\ \qquad - 3\,f\,[\alpha'_{m-1} \cdot f'_{m-1} + \alpha'_{m+1} \cdot f'_m - \alpha'_m (f'_{m-1} + f'_m)] \end{array} \right.$$

Aus II und III erhält man:

$$l'_m (O_m - \Theta_m) = 3\,[h'_{m-1} (\beta_{m-1} - \beta_m) - h'_m (\beta_m - \beta_{m+1})] + \\ + h\,[h'_{m-1} (\alpha_{m-1} - \alpha_m) - h'_m (\alpha_m - \alpha_{m+1})]$$

oder auch:

$$\text{VII)} \ldots l'_m (O_m - \Theta_m) = 3\,(h'_m \cdot S_m - h'_{m-1} \cdot S_{m-1}) + h\,(h'_m \cdot H_m - h'_{m-1} \cdot H_{m-1})$$

Analog liefern die Gleichungen II, V und VI:

$$\left\{ \begin{array}{l} 2\,h\,[h'_m (\alpha_{m+1} - \alpha_m) - h'_{m-1} (\alpha_m - \alpha_{m-1})] + \\ \qquad + f\,[f'_m (\alpha'_{m+1} - \alpha'_m) - f'_{m-1} (\alpha'_m - \alpha'_{m-1})] + \\ + 3\,[h'_m (\beta_{m+1} - \beta_m) - h'_{m-1} (\beta_m - \beta_{m-1})] + \\ \qquad + 3\,[f'_m (\beta'_{m+1} - \beta'_m) - f'_{m-1} (\beta'_m - \beta'_{m-1})] \end{array} \right\} = \left\{ \begin{array}{l} l'_m \cdot \Theta_m - k'_m \cdot \Omega_m \\ \\ \qquad - Q_m \end{array} \right.$$

$$\left\{ \begin{array}{l} h\,[h'_m (\alpha_{m+1} - \alpha_m) - h'_{m-1} (\alpha_m - \alpha_{m-1})] + f\,[f'_m (\alpha'_{m+1} - \alpha'_m) - f'_{m-1} (\alpha'_m - \alpha'_{m-1})] + \\ + 3\,[f'_m (\beta'_{m+1} - \beta'_m) - f'_{m-1} (\beta'_m - \beta'_{m-1})] = 2\,\Theta_m \cdot l'_m - (k'_m \cdot \Omega_m + O_m \cdot l'_m + Q_m) \end{array} \right.$$

oder auch:

$$\text{VIII)} \ldots 2\,\Theta_m \cdot l'_m - (k'_m \cdot \Omega_m + O_m \cdot l'_m + Q_m) = h\,(h'_m \cdot H_m - h'_{m-1} \cdot H_{m-1}) + \\ + f\,(f'_m \cdot G'_m - f'_{m-1} \cdot G_{m-1}) + 3\,(f'_m \cdot T_m - f'_{m-1} \cdot T_{m-1})$$

Die Gleichungen VII und VIII haben für die Praxis besondere Bedeutung: wird nämlich nur lotrechte Belastung angenommen und der Temperatureinfluß außer acht gelassen, so verschwinden die linken

Glieder dieser Gleichungen, und man gelangt zu den einfachen Beziehungen:

VIIa) . $3\,S_m + h\,H_m = 0$

VIIIa) . $h\,h'_m \cdot H_m + f'_m\,(3\,T_m + f\,G_m) = 0$

Es wird hierdurch der Nachweis erbracht, daß in jedem Ständer die Knotenpunkte keine Verschiebungen erfahren, und daß sich die Tangente an der elastischen Linie des Ständers, sowohl oberhalb als unterhalb des unteren Riegels, um den gleichen Winkel dreht.

Die weiteren Entwicklungen werden nun auf Grund dieser Beziehungen durchgeführt, um den für die Praxis in erster Linie maßgebenden Einfluß der lotrechten Belastung möglichst einfach verfolgen zu können.

Aus VIIIa folgt zunächst:

$$T_m + \frac{1}{3} \cdot f \cdot G_m = -\frac{1}{3} \cdot h \cdot \frac{h'_m}{f'_m} \cdot H_m$$

oder:

$$\beta'_m + \frac{1}{3} \cdot f \cdot \alpha'_m = -\frac{1}{3} \cdot h \cdot \frac{h'_m}{f'_m} \cdot \alpha_m$$

Unter der durchaus zutreffenden und zulässigen Annahme, daß für alle Ständer das Verhältnis der Querschnitte des Ober- und Unterständers das gleiche ist, daß also die Bedingung $\frac{h'_{m-1}}{f'_{m-1}} = \frac{h'_m}{f'_m} = c$, wobei c eine konstante Größe bedeutet, erfüllt wird, gilt also die Beziehung:

IX) . . . $\beta'_m + \frac{1}{3} \cdot f \cdot \alpha'_m = -\frac{1}{3} \cdot c\,h \cdot \alpha_m$

Die Gleichungen I, II und III gehen, nach einigen Umformungen, wenn man, wie im Abschnitt II, die neuen Funktionen

$$X_m = M'_m - \beta_m$$

$$Y_m = M'_m - \beta_{m+1}$$

einführt, über in:

Ia) . . $6\,h'_m\,(X_m - Y_m) + 3\,h\,h'_m\,(\alpha_{m+1} - \alpha_m) =$

$$= -6\,\frac{L^u_m}{l^2_m} \cdot l'_m - l'_m\,(Y_{m-1} + 2\,X_m) - 3\,l'_m\,(\beta'_m - h\,\alpha_m)$$

IIa) . . $= +6\,\frac{R^u_{m+1}}{l^2_{m+1}} \cdot l'_{m+1} + l'_{m+1}\,(2\,Y_m + X_{m+1}) +$

$$+ 3\,l'_{m+1}\,(\beta'_{m+1} - h\,\alpha_{m+1})$$

$$\text{III}^{a})\ \ldots\ (Y_{m-1} + X_m + 2\,\beta'_m) = -2\,\frac{\mathfrak{F}^u_m}{l_m} - \frac{1}{3}\cdot\frac{h}{l'_m}(\alpha_{m-1}\cdot h'_{m-1} + \alpha_{m+1}\cdot h'_m) + \frac{1}{3}\cdot\frac{h}{l'_m}\cdot\alpha_m(h'_{m-1} + h'_m + 6\cdot l'_m)$$

Aus III[a] und IX ergibt sich auch:

$$\text{X})\ \ldots\ (Y_{m-1} + X_m)\,l'_m = \left\{\begin{array}{l} -2\,\mathfrak{F}^u_m\cdot\dfrac{l'_m}{l_m} - \dfrac{1}{3}\cdot h\,(\alpha_{m-1}\cdot h'_{m-1} + \\ + \alpha_{m+1}\cdot h'_m) + \dfrac{2}{3}\cdot f\cdot l'_m\cdot\alpha'_m + \\ + \dfrac{h}{3}\,\alpha_m\,[h'_{m-1} + h'_m + 2\,l'_m\,(c+3)] \end{array}\right\}$$

Andererseits liefern die Gleichungen I[a], II[a] und IX:

$$(Y_{m-1} + X_m)\,l'_m + X_m\,l'_m + Y_m\,l'_{m+1} + (Y_m + X_{m+1})\,l'_{m+1} = -6\left(\frac{L^u_m}{l^2_m}\cdot l'_m + \frac{R^u_{m+1}}{l^2_{m+1}}\cdot l'_{m+1}\right) + f\,(l'_m\cdot\alpha'_m + l'_{m+1}\cdot\alpha'_{m+1}) + h\,(3+c)\,(l'_m\cdot\alpha_m + l'_{m+1}\cdot\alpha_{m+1})$$

Ersetzen wir die Klammerausdrücke der linken Seite dieser Gleichung durch die in Gl. X angegebene $(\alpha - \alpha')$ Verbindung, so erhalten wir:

$$\text{XI})\ \ldots\ X_m\cdot l'_m + Y_m\cdot l'_{m+1} = -6\left(\frac{L^u_m}{l^2_m}\cdot l'_m + \frac{R^u_{m+1}}{l^2_{m+1}}\cdot l'_{m+1}\right) + 2\left(\frac{\mathfrak{F}^u_m}{l_m}\cdot l'_m + \frac{\mathfrak{F}^u_{m+1}}{l_{m+1}}\cdot l'_{m+1}\right) + \frac{h}{3}\cdot h'_{m-1}\cdot\alpha_{m-1} + \frac{h}{3}\cdot h'_{m+1}\cdot\alpha_{m+2} + \frac{f}{3}(\alpha'_m\cdot l'_m + \alpha'_{m+1}\cdot l'_{m+1}) + \alpha_m\cdot\frac{h}{3}[l'_m\,(3+c) - h'_{m-1}] + \alpha_{m+1}\cdot\frac{h}{3}[l'_{m+1}(3+c) - h'_{m+1}]$$

Aus den Gl. II[a] und IX geht folgende Gleichung hervor:

$$X_m\cdot 6\,h'_m - Y_m\,(6\,h'_m + l'_{m+1}) = l'_{m+1}\,(Y_m + X_{m+1}) + 3\,l'_{m+1}\,(\beta'_{m+1} - h\,\alpha_{m+1}) + 6\,\frac{R^u_{m+1}}{l^2_{m+1}}\cdot l'_{m+1}$$

Wird in dieser Gleichung $(Y_m + X_{m+1})$ durch die entsprechende $(\alpha - \alpha')$ Verbindung der Gl. X ersetzt, so ergibt sich andererseits:

$$\text{XII)} \ldots X_m \cdot 6\,h'_m - Y_m\,(6\,h'_m + l'_{m+1}) = 6\,\frac{R^u_{m+1}}{l^2_{m+1}} \cdot l'_{m+1} -$$

$$- 2 \cdot \frac{\mathfrak{F}^u_{m+1}}{l_{m+1}} \cdot l'_{m+1} - \frac{f}{3} \cdot l'_{m+1} \cdot \alpha'_{m+1} + \frac{8}{3} \cdot h\,h'_m \cdot \alpha_m -$$

$$- \frac{h}{3} \cdot \alpha_{m+1}\,[l'_{m+1}\,(3 + c) + 8\,h'_m - h'_{m+1}] - \frac{h}{3} \cdot h'_{m+1} \cdot \alpha_{m+2}$$

Es sei nun zur Abkürzung:

$$5. \ldots \left\{ \begin{array}{l} 6\,h'_m + l'_m = \lambda'_m;\quad 6\,h'_m + l'_{m+1} = \lambda''_m \\ l'_m\,(3 + c) - h'_{m-1} = s_m;\quad l'_m\,(3 + c) - h'_m = s'_m \\ 6\,h'_m\,(l'_m + l'_{m+1}) + l'_m \cdot l'_{m+1} = \Delta_m \end{array} \right.$$

gesetzt. Aus den Gleichungen XI und XII werden die Funktionen X_m und Y_m eliminiert. Man erhält:

$$\text{XIII}^{a}) \ . \ X_m \cdot \Delta_m = - 6\,\frac{L^u_m}{l^2_m} \cdot l'_m \cdot \lambda''_m - 6\,\frac{R^u_{m+1}}{l^2_{m+1}} \cdot l'_{m+1} \cdot 6\,h'_m$$

$$+ 2\,\frac{\mathfrak{F}^u_m}{l_m} \cdot l'_m \cdot \lambda''_m + 2\,\frac{\mathfrak{F}^u_{m+1}}{l_{m+1}} \cdot l'_{m+1} \cdot 6\,h'_m$$

$$+ \frac{f}{3}\,(\alpha'_m \cdot l'_m \cdot \lambda''_m + \alpha'_{m+1} \cdot l'_{m+1} \cdot 6\,h'_m)$$

$$+ \frac{h}{3}\,(\alpha_{m-1} \cdot h'_{m-1} \cdot \lambda''_m + \alpha_{m+2} \cdot h'_{m+1} \cdot 6\,h'_m)$$

$$+ \frac{h}{3} \cdot \alpha_m\,(s_m \cdot \lambda''_m + 8\,h'_m \cdot l'_{m+1})$$

$$+ \frac{h}{3} \cdot \alpha_{m+1}\,(s'_{m+1} \cdot 6\,h'_m - 8\,h'_m \cdot l'_{m+1})$$

$$\text{XIII}^{b}) \ . \ Y_m \cdot \Delta_m = - 6\,\frac{L^u_m}{l^2_m} \cdot l'_m \cdot 6\,h'_m - 6\,\frac{R^u_{m+1}}{l^2_{m+1}} \cdot l'_{m+1} \cdot \lambda'_m$$

$$+ 2\,\frac{\mathfrak{F}^u_m}{l_m} \cdot l'_m \cdot 6\,h'_m + 2\,\frac{\mathfrak{F}^u_{m+1}}{l_{m+1}} \cdot l'_{m+1} \cdot \lambda'_m$$

$$+ \frac{f}{3}\,(\alpha'_m \cdot l'_m \cdot 6\,h'_m + \alpha'_{m+1} \cdot l'_{m+1} \cdot \lambda'_m)$$

$$+ \frac{h}{3}\,(\alpha_{m-1} \cdot h'_{m-1} \cdot 6\,h'_m + \alpha_{m+2} \cdot h'_{m+1} \cdot \lambda'_m)$$

$$+ \frac{h}{3} \cdot \alpha_m\,(s_m \cdot 6\,h'_m - 8\,h'_m \cdot l'_m)$$

$$+ \frac{h}{3} \cdot \alpha_{m+1}\,(s'_{m+1} \cdot \lambda'_m + 8\,h'_m \cdot l'_m)$$

Letztere Gleichungen beweisen, daß es möglich ist, die Werte X und Y als Funktionen der Werte α und α' auszudrücken. Ersetzen wir nun in der Gleichung (X) Y_{m-1} und X_m durch die entsprechenden, auf Grund der Gleichungen XIII zu ermittelnden Werte α und α', so gelangen wir zur folgenden Hauptelastizitätsgleichung:

$$\textbf{XIV)} \ldots U_m = -\alpha_{m-2} \cdot 6 \frac{h'_{m-1}}{J_{m-1}} \cdot h'_{m-2}$$

$$-\alpha_{m-1}\left(\frac{6\, s_{m-1} - 8\, l'_{m-1}}{J_{m-1}} + \frac{l'_m \lambda''_m + J_m}{l'_m \cdot J_m}\right) h'_{m-1}$$

$$-\alpha'_{m-1} \cdot \frac{f}{h} \cdot 6 \frac{h'_{m-1}}{J_{m-1}} \cdot l'_{m-1}$$

$$+\alpha_m \left[6 + 2c + \frac{h'_{m-1} + h'_m}{l'_m} - \left(s'_m \cdot \frac{\lambda'_{m-1}}{J_{m-1}} + s_m \cdot \frac{\lambda''_m}{J_m}\right)\right.$$

$$\left. -8\left(\frac{h'_{m-1} \cdot l'_{m-1}}{J_{m-1}} + \frac{h'_m \cdot l'_{m+1}}{J_m}\right)\right]$$

$$+\alpha'_m \cdot \frac{f}{h}\left[2 - l'_m\left(\frac{\lambda'_{m-1}}{J_{m-1}} + \frac{\lambda''_m}{J_m}\right)\right]$$

$$-\alpha_{m+1}\left(\frac{6\, s'_{m+1} - 8\, l'_{m+1}}{J_m} + \frac{l'_m \cdot \lambda'_{m-1} + J_{m-1}}{l'_m \cdot J_{m-1}}\right) h_m'$$

$$-\alpha'_{m+1} \cdot \frac{f}{h} \cdot 6 \frac{h'_m}{J_m} \cdot l'_{m+1}$$

$$-\alpha_{m+2} \cdot 6 \frac{h'_m}{J_m} \cdot h'_{m+1}$$

wobei

$$U_m = \frac{3}{h}\left[-6 \cdot \frac{L^u_{m-1}}{l^2_{m-1}} \cdot l'_{m-1} \cdot 6 \frac{h'_{m-1}}{J_{m-1}} - 6 \frac{L^u_m}{l^2_m} \cdot l'_m \cdot \frac{\lambda''_m}{J_m}\right.$$

$$-6 \frac{R^u_m}{l^2_m} \cdot l'_m \cdot \frac{\lambda'_{m-1}}{J_{m-1}} - 6 \frac{R^u_{m+1}}{l^2_{m+1}} \cdot l'_{m+1} \cdot 6 \frac{h'_m}{J_m}$$

$$+ 2 \cdot \frac{\mathfrak{F}^u_{m-1}}{l_{m-1}} \cdot l'_{m-1} \cdot 6 \frac{h'_{m-1}}{J_{m-1}} + 2 \frac{\mathfrak{F}^u_m}{l_m} \cdot l'_m \left(\frac{\lambda'_{m-1}}{J_{m-1}} + \frac{1}{l'_m} + \frac{\lambda''_m}{J_m}\right)$$

$$\left. + 2 \frac{\mathfrak{F}^u_{m+1}}{l_{m+1}} \cdot l'_{m+1} \cdot 6 \frac{h'_m}{J_m}\right]$$

Diese Gleichung unterscheidet sich von der Haupt-α-Gleichung des im vorigen Abschnitt behandelten durchlaufenden Rahmens mit eingespannten Ständern[1]) nur durch das Hinzutreten der 3 α'-Werte,

[1]) Vgl. S. 36, Gl. IX.

ganz analog sind auch die Beziehungen zwischen den X, Y-Werten einerseits und den α-Werten andererseits[1]); überhaupt ist die Verwandtschaft der beiden Systeme, des einfachen Rahmens und des Doppelrahmens, in der Gleichartigkeit der Behandlung ohne weiteres zu erkennen.

Um die ersten Gleichungen zu erhalten, müssen in den allgemeinen Gleichungsformen die Sonderwerte $X_0 = \alpha_0 = \alpha_0' = L_0^u = R_0^u = \mathfrak{F}_0^u = 0$, $\frac{\lambda_0'}{\Delta_0} = \frac{l_0'}{\Delta_0'} = \frac{1}{6h_0' + l_1'}$ eingeführt werden. Der Reihe nach ergibt sich:

$$\text{XIII}^{c}) \;.\; Y_0 = 2\frac{\mathfrak{F}_1^u}{l_1}\cdot l_1'\cdot\frac{\lambda_0'}{\Delta_0} - 6\frac{R_1^u}{l_1^2}\cdot l_1'\cdot\frac{l_0'}{\Delta_0} + \frac{h}{3}\cdot\alpha_1\left(s_1'\cdot\frac{\lambda_0'}{\Delta_0} + 8h_0'\cdot\frac{l_0'}{\Delta_0}\right) + \frac{h}{3}\cdot\alpha_2\cdot h_1'\cdot\frac{\lambda_0'}{\Delta_0} + \frac{f}{3}\alpha_1'\cdot l_1'\cdot\frac{\lambda_0'}{\Delta_0}$$

$$\text{XIII}^{d}) \;.\; \Delta_1 X_1 = \left\{\begin{aligned} & -6\frac{L_1^u}{l_1^2}\cdot l_1'\cdot\lambda_1'' - 6\frac{R_2^u}{l_2^2}\cdot l_2'\cdot 6h_1' + 2\frac{\mathfrak{F}_1^u}{l_1}\cdot l_1'\cdot\lambda_1'' + \\ & + 2\frac{\mathfrak{F}_2^u}{l_2}\cdot l_2'\cdot 6h_1' + \\ & + \frac{f}{3}(\alpha_1'\cdot l_1'\cdot\lambda_1'' + \alpha_2'\cdot l_2'\cdot 6h_1') + \frac{h}{3}[\alpha_1\cdot(s_1\lambda_1'' + \\ & + 8h_1'\cdot l_2') + \alpha_2(s_2'\cdot 6h_1' - 8h_1' l_2') + \alpha_3\cdot h_2'\cdot 6h_1'] \end{aligned}\right.$$

$$\text{XIII}^{e}) \;.\; \Delta_1 Y_1 = \left\{\begin{aligned} & -6\frac{L_1^u}{l_1^2}\cdot l_1'\cdot 6h_1' - 6\frac{R_1^u}{l_1^2}\cdot l_1'\cdot\lambda_1' + 2\frac{\mathfrak{F}_1^u}{l_1}\cdot l_1'\cdot 6h_1' + \\ & + 2\frac{\mathfrak{F}_2^u}{l_2}\cdot l_2'\cdot\lambda_1' + \\ & + \frac{f}{3}(\alpha_1'\cdot l_1'\cdot 6h_1' + \alpha_2'\cdot l_2'\cdot\lambda_1') + \frac{h}{3}[\alpha_1(s_1\cdot 6h_1' - \\ & - 8h_1'\cdot l_1') + \alpha_2(s_2'\cdot\lambda_1' + 8h_1'\cdot l_1') + \alpha_3\cdot h_2'\cdot\lambda_1'] \end{aligned}\right.$$

$$\text{XIV}^{a}) \;.\; U_1 = \frac{3}{h}\left[-6\frac{L_1^u}{l_1^2}\cdot l_1'\cdot\frac{\lambda_1''}{\Delta_1} - 6\frac{R_1^u}{l_1^2}\cdot l_1'\cdot\frac{\lambda_0'}{\Delta_0} - 6\frac{R_2^u}{l_2^2}\cdot l_2'\cdot 6\frac{h_1'}{\Delta_1} + 2\frac{\mathfrak{F}_1^u}{l_1}\cdot l_1'\left(\frac{\lambda_0'}{\Delta_0} + \frac{1}{l_1'} + \frac{\lambda_1''}{\Delta_1}\right) + 2\frac{\mathfrak{F}_2^u}{l_2}\cdot l_2'\cdot 6\frac{h_1'}{\Delta_1}\right] =$$

$$= \left\{\begin{aligned} & \alpha_1\left[6 + 2c + \frac{h_0' + h_1'}{l_1'} - \left(s_1'\cdot\frac{\lambda_0'}{\Delta_0} + s_1\cdot\frac{\lambda_1''}{\Delta_1}\right) - 8\left(\frac{h_0'\cdot l_0'}{\Delta_0} + h_1'\cdot\frac{l_2'}{\Delta_1}\right)\right] \\ & + \alpha_1'\cdot\frac{f}{h}\left[2 - l_1'\left(\frac{\lambda_0'}{\Delta_0} + \frac{\lambda_1''}{\Delta_1}\right)\right] - \\ & - \alpha_2 h_1'\left(\frac{6s_2' - 8l_2'}{\Delta_1} + \frac{\lambda_0'}{\Delta_0} + \frac{1}{l_1'}\right) - \alpha_3 h_2'\cdot 6\frac{h_1'}{\Delta_1} - \alpha_2'\cdot\frac{f}{h}\cdot l_2'\cdot 6\frac{h_1'}{\Delta_1} \end{aligned}\right.$$

---

[1]) Vgl. S. 35 und 36, Gl. VIII^a und VIII^b.

$$\text{XIV}^{\text{b}}) \,.\; U_2 = -\alpha_1 h_1'\left(\frac{6 s_1 - 8 l_1'}{J_1} + \frac{l_2' \cdot \lambda_2'' + J_2}{l_2' \cdot J_2}\right) - \alpha_1' \cdot \frac{f}{h} \cdot 6 \frac{h_1'}{J_1} \cdot l_1' +$$

$$+ \alpha_2\left[6 + 2c + \frac{h_1' + h_2'}{l_2'} - \left(s_2' \cdot \frac{\lambda_1'}{J_1} + s_2 \cdot \frac{\lambda_2''}{J_2}\right) - 8\left(h_1' \cdot \frac{l_1'}{J_1} + \frac{h_2' \cdot l_3'}{J_2}\right)\right]$$

$$+ \alpha_2' \cdot \frac{f}{h}\left[2 - l_2'\left(\frac{\lambda_1'}{J_1} + \frac{\lambda_2''}{J_2}\right)\right] -$$

$$- \alpha_3 h_2'\left(\frac{6 s_3' - 8 l_3'}{J_2} + \frac{l_2' \cdot \lambda_1' + J_1}{l_2' \cdot J_1}\right) - \alpha_4 \cdot h_3' \cdot 6 \frac{h_2'}{J_2} - \alpha_3' \cdot \frac{f}{h} \cdot l_3' \, 6 \frac{h_2'}{J_2}$$

Ganz analog sind die letzten Gleichungen gebildet: ihre Sonderwerte sind

$$\alpha_{n+1} = \alpha'_{n+1} = Y_n = R^u_{n+1} = \mathfrak{F}^u_{n+1} = 0, \quad \frac{\lambda''_n}{J_n} = \frac{l'_{n+1}}{J_n} = \frac{1}{6 h'_n + l'_n}.$$

Es bleibt uns jetzt nur, den Beweis zu erbringen, daß es möglich ist, ein zweites α, α'-Gleichungssystem zu bilden.

Die Gleichung V lautete:

$$k'_m(\mathfrak{M}'_{m-1} + \mathfrak{M}'_m - 2\beta'_m - 2 f \alpha'_m) =$$

$$- 2 \frac{\mathfrak{F}^o_m}{l_m} \cdot k'_m + (f'_{m-1} + f'_m)\left(\beta'_m + \frac{2}{3} \cdot f \cdot \alpha'_m\right) -$$

$$- \left[f'_{m-1}\left(\beta'_{m-1} + \frac{2}{3} \cdot f \cdot \alpha'_{m-1}\right) + f'_m\left(\beta'_{m+1} + \frac{2}{3} f \cdot \alpha'_{m+1}\right)\right]$$

Führen wir in die Gleichung IV

$$\mathfrak{M}'_m(k'_m + k'_{m+1}) =$$

$$- 6\left(\frac{L^o_m}{l^2_m} \cdot k'_m + \frac{R^o_{m+1}}{l^2_{m+1}} \cdot k'_{m+1}\right) + k'_m(\beta'_m + f \cdot \alpha'_m) +$$

$$+ k'_{m+1}(\beta'_{m+1} + f \cdot \alpha'_{m+1}) -$$

$$- [k'_m(\mathfrak{M}'_{m-1} + \mathfrak{M}'_m - 2\beta'_m - 2 f \cdot \alpha'_m) + k'_{m+1}(\mathfrak{M}'_m + \mathfrak{M}'_{m+1} -$$

$$- 2\beta'_{m+1} - 2 f \cdot \alpha'_{m+1})]$$

statt der durch die eckige Klammer abgesonderten Glieder die entsprechenden, durch die letzte Gleichung V definierten α', β'-Verbindungen ein, so erhalten wir:

$$\mathfrak{M}'_m (k'_m + k'_{m+1}) =$$

$$-6\left(\frac{L^o_m}{l^2_m}\cdot k'_m + \frac{R^o_{m+1}}{l^2_{m+1}}\cdot k'_{m+1}\right) + 2\left(\frac{\mathfrak{F}^o_m}{l_m}\cdot k'_m + \frac{\mathfrak{F}^o_{m+1}}{l_{m+1}}\cdot k'_{m+1}\right) +$$

$$+ f'_{m-1}\left(\beta'_{m-1} + \frac{1}{3}\cdot f\cdot \alpha'_{m-1}\right) + f'_{m+1}\left(\beta'_{m+2} + \frac{1}{3}\cdot f\cdot \alpha'_{m+2}\right) +$$

$$+ (k'_m - f'_{m-1})\left(\beta'_m + \frac{1}{3}\cdot f\cdot \alpha'_m\right) + (k'_{m+1} - f'_{m+1})\left(\beta'_{m+1} + \frac{1}{3}\cdot f\cdot \alpha'_{m+1}\right)$$

$$+ \frac{1}{3} f\,[\alpha'_{m-1}\cdot f'_{m-1} + \alpha'_m (2\,k'_m - f'_{m-1}) + \alpha'_{m+1} (2\,k'_{m+1} - f'_{m+1}) +$$

$$+ \alpha'_{m+2}\cdot f'_{m+1}]$$

Beachten wir nun, daß nach Gl. IX

$$\beta'_m + \frac{1}{3}\cdot f\cdot \alpha'_m = -\frac{1}{3}\cdot c\,h\cdot \alpha_m$$

ist, und setzen wir zur Abkürzung

$$\alpha_m - \frac{f}{h\,c}\cdot \alpha'_m = \varphi_m$$

so ergibt sich auch:

XV. . . . $\mathfrak{M}'_m (k'_m + k'_{m+1}) =$

$$-6\left(\frac{L^o_m}{l^2_m}\cdot k'_m + \frac{R^o_{m+1}}{l^2_{m+1}}\cdot k'_{m+1}\right) + 2\left(\frac{\mathfrak{F}^o_m}{l_m}\cdot k'_m + \frac{\mathfrak{F}^o_{m+1}}{l_{m+1}}\cdot k'_{m+1}\right) +$$

$$+ \frac{f}{3}(k'_m\cdot \alpha'_m + k'_{m+1}\cdot \alpha'_{m+1}) -$$

$$-\frac{1}{3}\cdot c\,h\,[f'_{m-1}\cdot \varphi_{m-1} + (k'_m - f'_{m-1})\,\varphi_m + (k'_{m+1} -$$

$$- f'_{m+1})\,\varphi_{m+1} + f'_{m+1}\cdot \varphi_{m+2}]$$

und statt obiger Gleichung V:

XVI. . . $k'_m (\mathfrak{M}'_{m-1} + \mathfrak{M}'_m) =$

$$-2\,\frac{\mathfrak{F}^o_m}{l_m}\cdot k'_m + \frac{1}{3} c\,h\,[f_{m-1}\cdot \varphi_{m-1} - \varphi_m (f'_{m-1} + f'_m + 2\,k'_m) + f'_m\cdot \varphi_{m+1}]$$

$$+ \frac{2}{3}\cdot f\cdot \alpha'_m\, k'_m$$

Ersetzen wir jetzt in letzterer Formel die Werte $\mathfrak{M}'$ durch die zugehörigen, aus Gl. XV zu bestimmenden α', φ-Funktionen, so gelangen wir zu einem zweiten Hauptgleichungssystem:

XVII. . . $V_m = \varphi_{m-2} \cdot f'_{m-2}\, \varkappa_m +$

$$+ \varphi_{m-1}[\varkappa_m(k'_{m-1} - f'_{m-2}) + f'_{m-1}(1+\mu_m)] - \frac{f}{c\,h} \cdot \alpha'_{m-1} \cdot k'_{m-1} \cdot \varkappa_m -$$

$$- \varphi_m [k'_m (2 - \varkappa_m - \mu_m) + f'_{m-1} (1 + \mu_m) + f'_m (1 + \varkappa_m)] +$$

$$+ \frac{f}{c\,h} \cdot \alpha'_m \cdot k'_m (2 - \varkappa_m - \mu_m)$$

$$+ \varphi_{m+1} [\mu_m (k'_{m+1} - f'_{m+1}) + f'_m (1 + \varkappa_m)] - \frac{f}{c\,h} \cdot \alpha'_{m+1} \cdot k'_{m+1} \cdot \mu_m$$

$$+ \varphi_{m+2} \cdot f'_{m+1} \cdot \mu_m$$

wobei:

$$\varkappa_m = \frac{k'_m}{k'_{m-1} + k'_m}; \; \mu_m = \frac{k'_m}{k'_m + k'_{m+1}}; \; \mu_m + \varkappa_{m+1} = 1$$

$$V_m = \frac{3}{c\,h} \Bigg[-6\,\varkappa_m \left(\frac{L^0_{m-1}}{l^2_{m-1}} \cdot k'_{m-1} + \frac{R^0_m}{l^2_m} \cdot k'_m \right) - 6\,\mu_m \left(\frac{L^0_m}{l^2_m} \cdot k'_m + \frac{R^0_{m+1}}{l^2_{m+1}} \cdot k'_{m+1} \right)$$

$$+ 2\,\frac{\mathfrak{F}^0_{m-1}}{l_{m-1}} \cdot k'_{m-1} \cdot \varkappa_m + 2\,\frac{\mathfrak{F}^0_m}{l_m} \cdot k'_m (1 + \varkappa_m + \mu_m) + 2\,\frac{\mathfrak{F}^0_{m+1}}{l_{m+1}} \cdot k'_{m+1} \cdot \mu_m \Bigg]$$

Um die ersten Elastizitätsgleichungen zu finden, muß man die Sonderwerte $\alpha_0 = \varphi_0 = \alpha_0' = \mathfrak{M}_0' = \varkappa_1 = 0$ beachten. Es ergibt sich dann:

$$\textbf{XVII}^{a)} .\, V_1 = \begin{cases} -\varphi_1 [k_1' (2 - \mu_1) + f'_0 (1 + \mu_1) + f_1'] + \dfrac{f}{c\,h} \cdot \alpha_1' \cdot k_1' (2 - \mu_1) + \\ + \varphi_2 [\mu_1 (k_2' - f_2') + f_1'] - \dfrac{f}{c\,h} \cdot \alpha_2' \cdot k_2' \cdot \mu_1 + \varphi_3 \cdot f_2' \cdot \mu_1 = \end{cases}$$

$$= \frac{3}{c\,h} \left[-6\,\mu_1 \left(\frac{L^0_1}{l^2_1} \cdot k_1' + \frac{R^0_2}{l^2_2} \cdot k_2' \right) + 2 \cdot \frac{\mathfrak{F}^0_1}{l_1} \cdot k_1' (1 + \mu_1) + 2 \frac{\mathfrak{F}^0_2}{l_2} \cdot k_2' \cdot \mu_1 \right]$$

Ganz analog sind auch die letzten Gleichungen mit den Sonderwerten

$$\alpha_{n+1} = \alpha'_{n+1} = \varphi_{n+1} = \mathfrak{M}'_{n+1} = \mu_n = 0.$$

Auf Grund der Hauptelastizitätsgleichungen XIV und XVII läßt sich die ganze Untersuchung wie folgt durchführen. Man betrachte zunächst die α'-Werte als gegebene Größen und löse die Elastizitätsgleichungen XIV und XVII auf. Man erhält die α-Werte als Funktionen der Belastung P und der Werte α', und zwar in der Form:

einerseits

$$\alpha_m = F_1 (P, \alpha_1', \alpha_2', \alpha_3' \ldots\ldots \alpha'_n)$$

und andererseits

$$\alpha_m = \varphi_m + \frac{1}{c} \cdot \frac{f}{h} \cdot \alpha'_m = F_2 (P, \alpha_1', \alpha_2', \alpha_3' \ldots\ldots \alpha'_n).$$

Durch Gleichsetzen der beiden Ausdrücke für α_m bildet man ein Gleichungssystem, welches nur die α'-Gruppe enthält, und aus welchem alle Werte α' ermittelt werden können: hierdurch ist die Aufgabe gelöst.

Bevor wir in einem Beispiel die Anwendung dieses Verfahrens vorführen, möchten wir bemerken, daß trotz der langen Entwicklungen, welche zur Ableitung der Elastizitätsgleichungssysteme erforderlich waren, die Endergebnisse in Anbetracht der hohen statischen Unbestimmtheit als verhältnismäßig sehr einfach bezeichnet werden dürfen. Die Gleichungssysteme XIV und XVII haben dieselbe Gliederung wie die α-Gleichungssysteme der vorhin behandelten Rahmensysteme und weisen auch alle Vorzüge der Clapeyronschen Gleichungen auf. Sowohl die Koeffizienten der statisch unbestimmten Größen als die Belastungsglieder lassen sich sehr rasch ermitteln, und die Auflösung der Gleichungen ist sehr leicht durchzuführen. Diese Vorteile dürfen vielleicht die Zweckmäßigkeit der mühsamen und langwierigen Ableitung der Elastizitätsgleichungen genügend erweisen.

§ 2. Beispiel.

Der in Abb. 34 dargestellte Doppelrahmen hat 4 gleiche Felder mit gleich beschaffenen Ständern und Riegeln. Gesucht sind die durch eine gleichmäßige Belastung g t/m erzeugten Biegungsmomente.

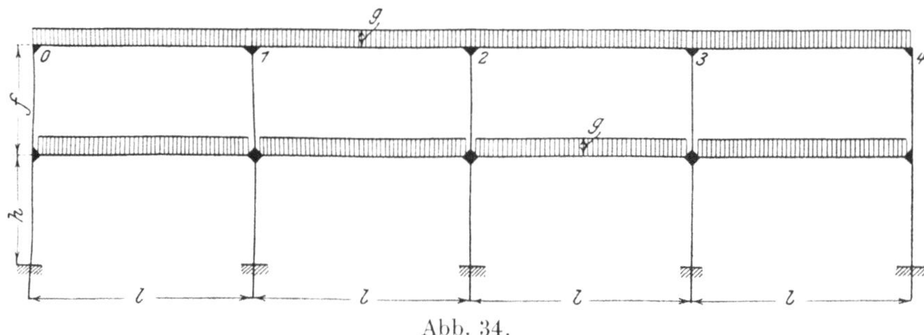

Abb. 34.

Es seien allgemein

$$I_c = I^o = I^u; \quad I^{ov} = \frac{1}{3} I_c; \quad I^{uv} = \frac{1}{2} \cdot I_c; \; h = f = \frac{l}{2}$$

$$l' = k' = l; \quad f' = 3\,f = \frac{3}{2}\,l; \quad h' = 2\,h = l; \quad c = \frac{h'}{f'} = \frac{2}{3} \cdot l.$$

Die Bedingunsgleichungen lauten, wenn man beachtet, daß infolge der Symmetrie

$$\alpha_1 = \alpha_4, \quad \alpha_1' = \alpha_4' \quad \varphi_1 = \varphi_4,$$

$$\alpha_2 = \alpha_3, \quad \alpha_2' = \alpha_3', \quad \varphi_2 = \varphi_3$$

werden müssen,

a) nach Gleichungssystem XIV:

$$\left\{\begin{aligned} & U_1 = \alpha_1 \left[6 + 2c + \frac{2h'}{l'} - s'\left(\frac{\lambda_0'}{J_0} + \frac{\lambda_1''}{J_1}\right) - 8h'\left(\frac{l_0'}{J_0} + \frac{l'}{J_1}\right)\right] - \alpha_2 h' \left[\frac{6(s'+h') - 8l'}{J_1} + \frac{1}{l'}\right. \\ & \left. + \frac{\lambda_0'}{J_0}\right] + \alpha_1' \cdot \frac{f}{h}\left[2 - l'\left(\frac{\lambda_0'}{J_0} + \frac{\lambda_1''}{J_1}\right)\right] - \alpha_2' \cdot \frac{f}{h} \cdot l' \cdot \frac{6h'}{J_1} \\ & = \frac{3}{h}\left[-6\frac{L_1^u}{l^2} \cdot l' \cdot \frac{\lambda_1''}{J_1} - 6\frac{R_1^u}{l^2} \cdot l' \cdot \frac{\lambda_0'}{J_0} - 6\frac{R_2^u}{l^2} \cdot l' \cdot \frac{6h'}{J_1} + 2\frac{\mathfrak{F}_1^u}{l_1} \cdot l_1'\left(\frac{\lambda_0'}{J_0} + \frac{1}{l'} + \frac{\lambda_1''}{J_1}\right)\right. \\ & \left. + 2\frac{\mathfrak{F}_2^u}{l} \cdot l' \cdot \frac{6h'}{J_1}\right] \end{aligned}\right.$$

$$\left\{\begin{aligned} & U_2 = \left\{\begin{aligned} & -\alpha_1 h'\left[\frac{6s - 8l'}{J_1} + \frac{l'\lambda_2'' + J_2}{l' J_2} + \frac{6h'}{J_2}\right] + \alpha_2\left[6 + 2c + \frac{2h'}{l'} - s'\left(\frac{\lambda_1'}{J_1} + \frac{\lambda_2''}{J_2}\right)\right. \\ & \left. -8h'l'\left(\frac{1}{J_1} + \frac{1}{J_2}\right) - \left(\frac{6s' - 8l'}{J_2}\right)h' - h' \cdot \frac{l'\lambda_1 + J_1}{l' J_1}\right] \\ & -\alpha_1' \cdot \frac{f}{h} \cdot l' \cdot \frac{6h'}{J_1} + \alpha_2' \frac{f}{h}\left[2 - l'\left(\frac{\lambda_1'}{J_1} + \frac{\lambda_2''}{J_2}\right) - \frac{f}{h} \cdot l' \cdot \frac{6h'}{J_2}\right] \end{aligned}\right. \\ & = \frac{3}{h}\left[-6\frac{L_1^u}{l^2} \cdot l' \cdot \frac{6h'}{J_1} - 6\frac{L_2^u}{l^2} \cdot l' \cdot \frac{\lambda_2''}{J_2} - 6\frac{R_2^u}{l^2} \cdot l' \cdot \frac{\lambda_1'}{J_1} - 6\frac{R_3^u}{l^2} \cdot l' \cdot \frac{6h'}{J_2} + 2\frac{\mathfrak{F}_1^u}{l} \cdot l' \cdot \frac{6h'}{J_1}\right. \\ & \left. + 2\frac{F_2^u}{l} \cdot l'\left(\frac{\lambda_1'}{J_1} + \frac{1}{l'} + \frac{\lambda_2''}{J_2}\right) + \frac{2\mathfrak{F}_3^u}{l} \cdot l' \cdot \frac{6h'}{J_2}\right] \end{aligned}\right.$$

b) nach Gleichungssystem XVII:

$$\left\{\begin{aligned} & V_1 = -\varphi_1[k'(2-\mu) + f'(2+\mu)] + \varphi_2(f' + \mu \cdot k') + \alpha_1' \cdot \frac{f}{ch} \cdot k'(2-\mu) - \alpha_2' \cdot \frac{f}{ch} \cdot k'\mu \\ & = \frac{3}{ch}\left[-6\mu\left(\frac{L_1^o}{l^2} \cdot k' + \frac{R_2^o}{l^2} \cdot k'\right) + 2\frac{\mathfrak{F}_1^o}{l} \cdot k'(1+\mu) + 2\frac{\mathfrak{F}_2^o}{l} \cdot k' \cdot \mu\right] \end{aligned}\right.$$

$$\left\{\begin{aligned} & V_2 = \left\{\begin{aligned} & \varphi_1[\varkappa(k'-f') + f'(1+2\mu)] - \varphi_2[k'(2-\varkappa-\mu) + f'(2+\varkappa+\mu) - \mu(k'-f') - f'(1+\varkappa)] \\ & -\frac{f}{ch} \cdot \alpha_1' \cdot k' \cdot \varkappa + \frac{f}{ch} \cdot \alpha_2' k'(2 - 2\mu - \varkappa) \end{aligned}\right. \\ & = \frac{3}{ch}\left[-6\varkappa\left(\frac{L_1^o}{l^2} \cdot k' + \frac{R_2^o}{l^2} \cdot k'\right) - 6\mu\left(\frac{L_2^o}{l^2} \cdot k' + \frac{R_3^o}{l^2} \cdot k'\right) + 2\frac{\mathfrak{F}_1^o}{l} \cdot k' \cdot \varkappa\right. \\ & \left. + 2\frac{\mathfrak{F}_2^o}{l} \cdot k'(1 + \varkappa + \mu) + 2\frac{\mathfrak{F}_3^o}{l} \cdot k' \cdot \mu\right] \end{aligned}\right.$$

In diesen Gleichungen setzen wir:

$$\lambda' = \lambda'' = 6\,h' + l' = 7\,l; \quad s = s' = 3\,l' + c - h' = \frac{8}{3}\,l;$$

$$\mu = \varkappa = \frac{1}{2}; \quad J_1 = J_2 = l'\,(12\,h' + l') = 13\,l^2; \quad \frac{l_0'}{J_0} = \frac{\lambda_0'}{J_0} = \frac{1}{6\,h' + l'} = \frac{1}{7\,l}$$

$$L_1^o = L_2^o = L_1^u = L_2^u = R_1^u = R_2^u = R_3^u = R_1^o = R_2^o = R_3^o = g\,\frac{l^4}{24}$$

$$\mathfrak{F}_1^o = \mathfrak{F}_2^o = \mathfrak{F}_3^o = \mathfrak{F}_1^u = \mathfrak{F}_2^u = \mathfrak{F}_3^u = g\,\frac{l^3}{12}.$$

Nach einer kurzen Ausrechnung ergibt sich:

$$\begin{aligned}
524\,\alpha_1 - 202\,\alpha_2 &= 39\,g\,l - 120\,\alpha_1' + 42\,\alpha_2' \\
-34\,\alpha_1 + 40\,\alpha_2 &= 6\,\alpha_1' - 6\,\alpha_2' \\
-21\,\varphi_1 + 8\,\varphi_2 &= 3\,g\,l - 9\,\alpha_1' + 3\,\alpha_2' \\
11\,\varphi_1 - 14\,\varphi_2 &= 3\,\alpha_1' - 3\,\alpha_2'.
\end{aligned}$$

Die Auflösung dieses Gleichungssystems liefert:

1. . . . . $14\,092\,\alpha_1 = 1560\,g\,l - 3588\,\alpha_1' + 468\,\alpha_2'$

2. . . . . $14\,092\,\alpha_2 = 1326\,g\,l - 936\,\alpha_1' - 1716\,\alpha_2'$

3. . . . . $206\,\varphi_1 = -42\,g\,l + 102\,\alpha_1' - 18\,\alpha_2'$

4. . . . . $206\,\varphi_2 = -33\,g\,l + 36\,\alpha_1' + 30\,\alpha_2'$

Da

$$\alpha_1 = \varphi_1 + \frac{3}{2} \cdot \alpha_1'$$

$$\alpha_2 = \varphi_2 + \frac{3}{2} \cdot \alpha_2',$$

so gehen die Gleichungen 3 und 4 über in:

3ª . . . . $206\,\alpha_1 = -42\,g\,l + 411\,\alpha_1' - 18\,\alpha_2'$

4ª . . . . $206\,\alpha_2 = -33\,g\,l + 36\,\alpha_1' + 339\,\alpha_2'$.

Aus 1 und 3ª bzw. aus 2 und 4ª erhält man:

$$\alpha_1 = 0{,}1108\,g\,l - 0{,}255\,\alpha_1' + 0{,}0325\,\alpha_2' = -0{,}204\,g\,l + 1{,}995\,\alpha_1' - 0{,}0875\,\alpha_2'$$

$$\alpha_2 = 0{,}0941\,g\,l - 0{,}0655\,\alpha_1' - 0{,}1218\,\alpha_2' = -0{,}1604\,g\,l + 0{,}1748\,\alpha_1' + 1{,}6452\,\alpha_2'.$$

Durch Auflösung dieser Gleichungen findet man:

$$\alpha_1' = +\,0{,}146\,g\,l; \quad \alpha_2' = +\,0{,}124\,g\,l; \quad \alpha_1 = +\,0{,}077\,g\,l; \quad \alpha_2 = +\,0{,}0691\,g\,l.$$

Mithin:

$$H_0 = \alpha_1 = +\,0{,}077\,g\,l; \quad H_1 = \alpha_2 - \alpha_1 = -\,0{,}0079\,g\,l; \quad H_2 = \alpha_3 - \alpha_2 = 0.$$

$$\beta_1' = -\frac{1}{3} \cdot h \left(\alpha_1' + \frac{2}{3} \cdot \alpha_1\right) = -0{,}03299 \text{ g l}^2;$$

$$\beta_2' = -\frac{1}{3} \cdot h \left(\alpha_2' + \frac{2}{3} \cdot \alpha_2\right) = -0{,}02833 \text{ g l}^2.$$

Ferner ergibt sich:

a) nach den Gl. XIII:

$$Y_0 = X_4 = +0{,}01275 \text{ g l}^2$$
$$Y_1 = X_3 = -0{,}0219 \quad ,,$$
$$Y_2 = X_2 = -0{,}02315 \quad ,,$$
$$Y_3 = X_1 = -0{,}0191 \quad ,,$$

b) nach Gl. XV:

$$\mathfrak{M}_1' = \mathfrak{M}_3' = -0{,}05825 \text{ g l}^2$$
$$\mathfrak{M}_2' = -0{,}0455 \quad ,,$$
$$S_0 = -\frac{1}{3} \cdot h\, H_0 = -0{,}0128 \text{ g l}^2$$
$$S_1 = -\frac{1}{3} \cdot h\, H_1 = +0{,}0013 \quad ,,$$

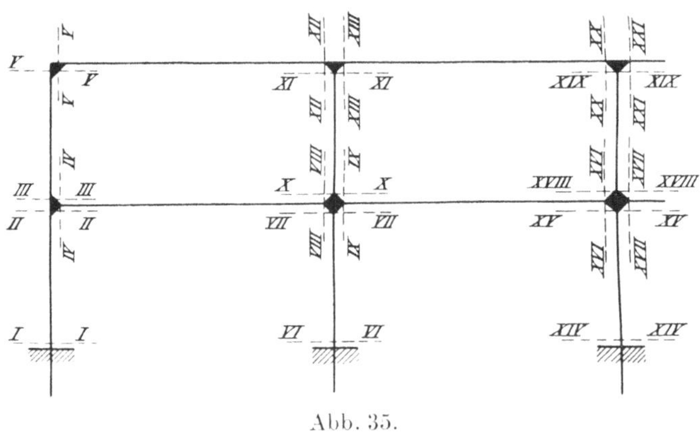

Abb. 35.

In den Hauptquerschnitten (vgl. Abb. 35) entstehen folgende Biegungsmomente:

Querschnitt	I	M	$= -S_0$	$= +0{,}0128$ g l²
,,	II	,,	$= -(S_0 + \alpha_1 h)$	$= -0{,}02575$,,
,,	III	,,	$= +\beta_1'$	$= -0{,}03299$,,
,,	IV	,,	$= \beta_1' - (S_0 + \alpha_1 h)$	$= -0{,}05875$,,

Querschnitt	V	$M = -(\beta_1' + \alpha_1' \cdot f)$	$= -0{,}04$	$g\,l^2$
„	VI	„ $= -S_1$	$= -0{,}0125$	„
„	VII	„ $= -(S_1 + H_1 h)$	$= +0{,}0027$	„
„	VIII	„ $= X_1 + \beta_1' - \alpha_1 h$	$= -0{,}09339$	„
„	IX	„ $= Y_1 + \beta_2' - \alpha_2 h$	$= -0{,}08603$	„
„	X	„ $= \beta_2' - \beta_1'$	$= +0{,}00466$	„
„	XI	„ $= -[(\beta_2' - \beta_1') + f(\alpha_2' - \alpha_1')]$	$= +0{,}00633$	„
„	XII	„ $= \mathfrak{M}_1' - \alpha_1' . f - \beta_1'$	$= -0{,}09826$	„
„	XIII	„ $= \mathfrak{M}_1' - \alpha_2' \cdot f - \beta_2'$	$= -0{,}09192$	„
„	XIV	„ $= -S_2$	$= 0$	„
„	XV	„ $= -(S_2 + H_2 h)$	$= 0$	„
„	XVI	„ $= X_2 + \beta_2' - \alpha_2 h$	$= -0{,}08198$	„
„	XVII	„ $= Y_2 + \beta_3' - \alpha_3 h$	$= -0{,}08198$	„
„	XVIII	„ $= \beta_3' - \beta_2'$	$= 0$	„
„	XIX	„ $= = [(\beta_3' - \beta_2') + f(\alpha_3' - \alpha_2')]$	$= 0$	„
„	XX	„ $= \mathfrak{M}_2' - \alpha_2' \cdot f - \beta_2'$	$= -0{,}07917$	„
„	XXI	„ $= \mathfrak{M}_2' - \alpha_3' \cdot f - \beta_3'$	$= -0{,}07917$	„

Diese Zahlen zeigen, daß beim Doppelrahmen eine gleichmäßigere Verteilung der Spannungen als bei dem einfachen eingespannten Rahmen erzielt werden kann. Andere Untersuchungen haben noch erwiesen, daß der Zusammenhang zweier einfacher Rahmensysteme eine besonders starke Entlastung der unteren Ständer und der mittleren Querschnitte des gemeinsamen Riegels bewirkt: die Hauptspannungen konzentrieren sich an den Anschlußstellen der beiden Systeme. Beim Oberrahmen wird durch diesen Zusammenhang der Einfluß der elastischen Nachgiebigkeit der Stützung zum Teil bedeutend aufgehoben.

Zweiter Teil.

Durchlaufende Bogenträger.

I. Abschnitt.

Bogenträger mit elastisch dreh-, senk- und verschiebbaren Stützpunkten.

§ 1. Entwicklung der Grundgleichungen.

Der in Abb. 36 dargestellte Stabzug besteht aus mehreren bogenförmigen Trägern, welche an den Kämpfern starr miteinander verbunden sind und eine gemeinsame äußere Stützung aufweisen.

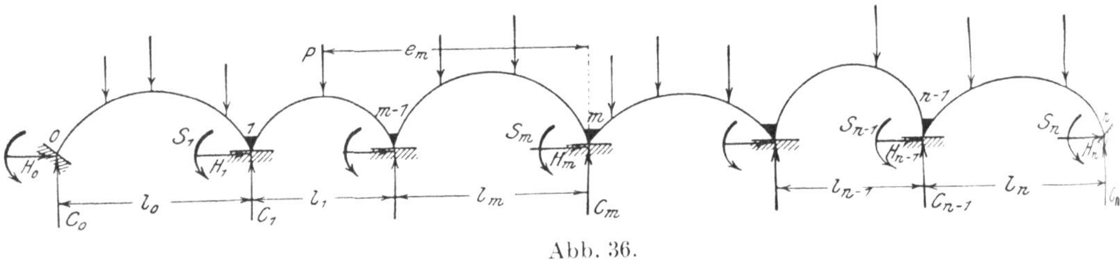

Abb. 36.

Der Widerstand der Stützung ist durch die drei Kraftgrößen, den lotrechten Stützendruck C_m, den wagerechten Schub H_m und das Einspannungsmoment S_m definiert.

Als Hauptsystem führen wir für jedes Feld einen Stabzug i k i′ (Abb. 37) in der Form einer statisch bestimmten Bogenträgers mit einem festen und einem wagerecht beweglichen Lager ein und bezeichnen die Spannweite und die Pfeilhöhe mit l_m und f_m, die Auflagerdrücke mit A_m und B_m, die Axialkräfte und Biegungsmomente mit $N_{0\,m}$ und $M_{0\,m}$.

Die folgenden Entwicklungen setzen nur lotrechte Belastung voraus: ihre Ergebnisse lassen sich aber, bei sinngemäßer Anwendung der Grundgleichungen, auch auf wagerechte Kräfte erweitern.

Wie in den vorigen Abschnitten, bilden wir aus den Stützenwiderständen die 3 bekannten Gruppen von Funktionen:

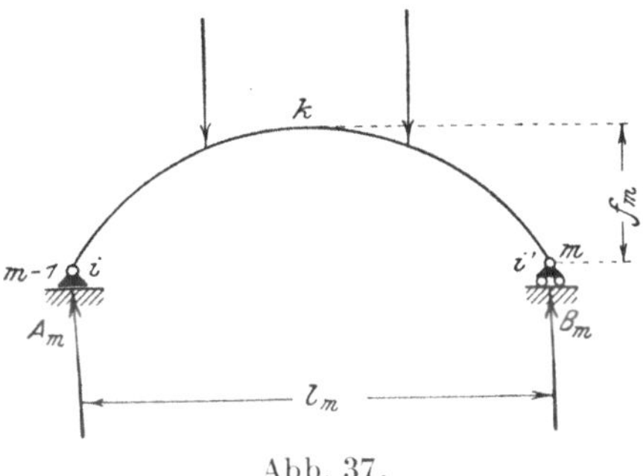

Abb. 37.

1. Gruppe A mit n Gliedern.

$$M_1' = C_0\, l_1 - \Sigma P\, e_1$$

$$M_2' = C_0\,(l_1 + l_2) + C_1\, l_2 - \Sigma P\, e_2$$

$$M_3' = C_0\,(l_1 + l_2 + l_3) + C_1\,(l_2 + l_3) + C_2\, l_3 - \Sigma P\, e_3$$

. . . .

$$M_m' = C_0\,(l_1 + l_2 + l_3 + \ldots + l_m) + C_1\,(l_2 + l_3 + \ldots + l_m) +$$
$$+ C_2\,(l_3 + l_4 + \ldots + l_m) + \ldots + C_{m-1} \cdot l_m - \Sigma P\, e_m.$$

Unter $\Sigma\, P\, e_m$ ist hierbei das statische Moment der links vom Punkte m befindlichen Lasten P in bezug auf denselben verstanden.

2. Gruppe B mit n Gliedern.

$$\alpha_1 = H_0$$

$$\alpha_2 = H_0 + H_1$$

$$\alpha_3 = H_0 + H_1 + H_2$$

. . . .

$$\alpha_m = H_0 + H_1 + H_2 + \ldots + H_{m-1}.$$

3. Gruppe C mit n Gliedern.

$$\beta_1 = S_0$$

$$\beta_2 = S_0 + S_1$$

$$\beta_3 = S_0 + S_1 + S_2$$

. . . .

$$\beta_m = S_0 + S_1 + S_2 + S_3 + \ldots + S_{m-1}.$$

Den n Feldern entsprechen insgesamt 3 n Funktionen. Zwischen den Werten M′, α, β und den Stützenwiderständen bestehen, wenn $C_{0\,m} = A_{m+1} + B_m$ gesetzt wird, die bekannten Beziehungen:

$$
\textit{A.} \quad \left\{
\begin{aligned}
C_0 &= C_{0\,0} + \frac{M_1'}{l_1} \\
C_1 &= C_{0\,1} - M_1' \frac{(l_1 + l_2)}{l_1 \cdot l_2} + \frac{M_2'}{l_2} \\
C_2 &= C_{0\,2} + \frac{M_1'}{l_2} - M_2' \frac{(l_2 + l_3)}{l_2 \cdot l_3} + \frac{M_3'}{l_3} \\
&\cdots\cdots\cdots \\
C_m &= C_{0\,m} + \frac{M'_{m-1}}{l_m} - \frac{M'_m (l_m + l_{m+1})}{l_m \cdot l_{m+1}} + \frac{M'_{m+1}}{l_{m+1}} \\
&\cdots\cdots\cdots \\
C_{n-1} &= C_{0\,n-1} + \frac{M'_{n-2}}{l_{n-1}} - \frac{M'_{n-1} (l_{n-1} + l_n)}{l_{n-1} \cdot l_n} + \frac{M'_n}{l_n} \\
C_n &= C_{0\,n} + \frac{M'_{n-1} - M'_n}{l_n}.
\end{aligned}
\right.
$$

$$
\textit{B.} \quad \left\{
\begin{aligned}
H_0 &= \alpha_1 \\
H_1 &= \alpha_2 - \alpha_1 \\
H_2 &= \alpha_3 - \alpha_2 \\
&\cdots\cdots \\
H_m &= \alpha_{m+1} - \alpha_m.
\end{aligned}
\right.
$$

$$
\textit{C.} \quad \left\{
\begin{aligned}
S_0 &= \beta_1 \\
S_1 &= \beta_2 - \beta_1 \\
S_2 &= \beta_3 - \beta_2 \\
&\cdots\cdots \\
S_m &= \beta_{m+1} - \beta_m.
\end{aligned}
\right.
$$

Die Gleichgewichtsbedingung, daß die Summe der äußeren wagerechten Kräfte $= 0$ sein soll, ist in der Gleichung

$$\alpha_n + H_n = 0$$

ausgesprochen. Die Gleichgewichtsbedingung, daß die Summe der äußeren lotrechten Kräfte $= 0$ sein soll, ist durch das Gleichungssystem A an sich erfüllt. Schließlich ergibt sich aus der Gleichgewichtsbedingung, daß das statische Moment aller äußeren Kräfte in bezug auf den letzten Stützpunkt $= 0$ sein sein soll,

$$M'_n - \beta_n - S_n = 0$$

oder

$$S_n = M'_n - \beta_n.$$

Hierbei ist vorausgesetzt, daß alle Stützpunkte in einer Wagerechten liegen.

Man erkennt, daß die Gleichungssysteme A, B, und C in Verbindung mit den äußeren Gleichgewichtsbedingungen zur Ermittlung der $3(n+1)$ Stützenwiderstände genügen.

Setzen wir

$$M'_m - \beta_m = X_m$$

$$M'_m - \beta_{m+1} = Y_m$$

$$S_m = \beta_{m+1} - \beta_m = X_m - Y_m,$$

so erhalten wir auch

$$C_m = C_{0m} + \frac{Y_{m-1} - X_m}{l_m} - \frac{Y_m - X_{m+1}}{l_{m+1}}$$

$$S_0 = -Y_0, \; S_n = X_n.$$

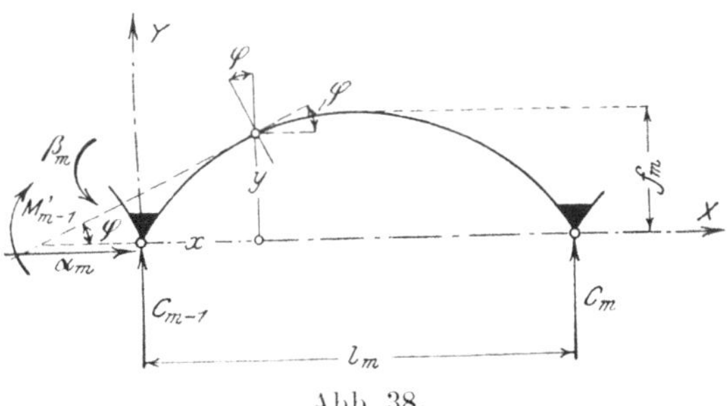

Abb. 38.

Die Gleichungen der Biegungsmomente M und der Axialkräfte N lauten, mit den aus der Abb. 38 ersichtlichen Bezeichnungen:

$$\left.\begin{array}{ll} \mathbf{1.}\ldots\ldots & M_m = M_{0m} + Y_{m-1} + \dfrac{X_m - Y_{m-1}}{l_m} - \alpha_m \cdot y \\ \mathbf{2.}\ldots\ldots & N_m = N_{0m} - \alpha_m \cdot \cos\varphi + \dfrac{(Y_{m-1} - X_m)}{l_m} \sin\varphi. \end{array}\right.$$

Die 3 Gruppen von Funktionen X Y und α, welche die eindeutige Feststellung aller äußeren und inneren Kräfte ermöglichen, werden als statisch unbestimmte Größen gewählt und auf Grund dreier Gleichungssysteme in der Form:

$$\text{I)} \ldots\ldots \frac{\partial \mathfrak{A}}{\partial X_m} = \frac{\partial A_i}{\partial X_m}$$

$$\text{II)} \dots \frac{\partial \mathfrak{A}}{\partial Y_m} = \frac{\partial A_i}{\partial Y_m}$$

$$\text{III)} \dots \frac{\partial \mathfrak{A}}{\partial \alpha_m} = \frac{\partial A_i}{\partial \alpha_m}$$

ermittelt; hierbei bedeuten wie früher[1]) $\mathfrak{A}$ die Arbeit der äußeren und A_i die Arbeit der inneren Kräfte.

Um den Wert $\mathfrak{A}$ zu errechnen, nehmen wir an, daß die Bewegung des m^{ten} Stützpunktes aus einer Senkung δ_m, einer wagerechten, nach links gerichteten Verschiebung η_m und einer in der Richtung des Uhrzeigers erfolgenden Drehung ρ_m besteht (Abb. 39). Es ist dann

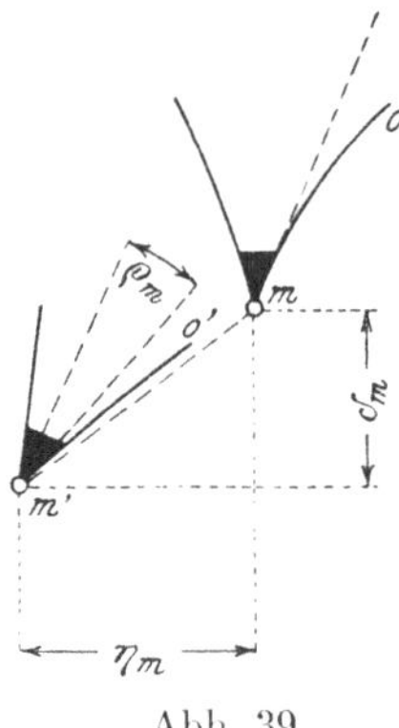

Abb. 39.

$$\mathfrak{A} = -\Sigma(C_m \cdot \delta_m + H_m \cdot \eta_m + S_m \cdot \rho_m).$$

Die Verschiebungskomponenten werden selbst in einen, von der Belastung unabhängigen Wert δ_{0m} bzw. η_{0m} bzw. ρ_{0m} und einen, den Auflagerwiderständen unmittelbar proportionalen Wert δ'_m bzw. η'_m und η''_m bzw. ρ'_m und ρ''_m zerlegt, und zwar derartig, daß die Bedingungen

$$\delta_m = \delta_{0m} + C_m \cdot \delta'_m,$$

$$\eta_m = \eta_{0m} + H_m \cdot \eta'_m + S_m \cdot \eta''_m,$$

$$\rho_m = \rho_{0m} + H_m \cdot \rho''_m + S_m \cdot \rho'_m$$

erfüllt werden: die Koeffizienten stellen im Sinne der früheren Erläuterungen das Elastizitätsmaß der Stützung dar.

Um die in der Gleichung

$$A_i = \int \frac{M^2 ds}{2EI} + \int N^2 \frac{ds}{2EF} + \int \varepsilon t_0 N ds + \int \varepsilon \frac{\Delta t}{d} \cdot M ds$$

enthaltenen Integrationen vollziehen zu können, müssen wir einiges über die Gleichung der Bogenachse und der Querschnittsveränderlichkeit vorausschicken.

Da die kommenden Entwicklungen das Ziel verfolgen, die Beziehungen zwischen den statisch unbestimmten Größen in typischen, rekursiv gestalteten Elastizitätsgleichungen zum Ausdruck zu bringen, so müssen wir voraussetzen, daß in allen Öffnungen die Trägermittellinien verwandte Kurven sind. Wir werden nun annehmen, daß alle Bögen sich nach einer einfachen Parabel wölben: die Wahl dieser Grundform ist besonders zweckmäßig, nicht nur weil sie die leichteste rechnerische

---

[1]) Vgl. S. 5.

Durchführung der Untersuchung ermöglicht, sondern auch weil sie zu Formeln führt, welche mit genügender Genauigkeit für andere verwandte Formen, wie z. B. flachgekrümmte Kreisbögen, ihre Gültigkeit behalten.

Die Gleichung der Bogenachse der m^{ten} Öffnung möge also lauten:

$$3. \ldots \quad y = \frac{4\,f_m}{l_m^2} \cdot x\,(l_m - x).$$

Das Querschnittsveränderlichkeitsgesetz wird durch die Gleichung:

$$4. \ldots \quad \frac{I_c}{\cos\varphi \cdot I_x} = \mu_m \left[1 - \left(\frac{\frac{l_m}{2} - x}{b_m}\right)^2\right]$$

definiert; hierbei bedeuten I_c ein beliebiges zum Vergleich dienendes Trägheitsmoment und I_x das Trägheitsmoment an der Stelle x. Um die Werte μ_m und b_m näher zu bestimmen, müssen das Trägheitsmoment $I_{s\,m}$ des Scheitelquerschnittes sowie das Trägheitsmoment $\cos\varphi_k \,.\, I_{k\,m}$ des Kämpferquerschnittes bekannt sein. Es ist dann für

$$x = 0, \quad \text{bzw.} \quad x = l_m, \quad \frac{I_c}{\cos\varphi \cdot I_x} = \frac{I_c}{\cos\varphi_k \cdot I_{k\,m}} = \mu_m \left(1 - \frac{l_m^2}{4\,b_m^2}\right)$$

und für

$$x = \frac{l_m}{2}, \quad \frac{I_c}{\cos\varphi \cdot I_x} = \frac{I_c}{I_{s\,m}} = \mu_m$$

Mithin

$$b_m^2 = \frac{l_m^2}{4} \cdot \frac{1}{1 - \frac{I_{s\,m}}{\cos\varphi_k \cdot I_{k\,m}}}.$$

Statt Gl. 4 kann auch geschrieben werden:

$$4a. \ldots \quad \frac{I_c}{\cos\varphi \cdot I_x} = c_m + k_m \cdot x - \frac{x^2}{l_m} \cdot k_m$$

wobei

$$c_m = \frac{I_c}{\cos\varphi_k \cdot I_{k\,m}}, \quad k_m = \frac{4\,I_c}{I_{s\,m}} \left(1 - \frac{I_{s\,m}}{\cos\varphi_k \cdot I_{k\,m}}\right) \cdot \frac{1}{l_m}.$$

Sehr häufig wird die lotrechte Querschnittshöhe der Bedingung $\frac{I_c}{\cos\varphi \,.\, I_x} = c_m$ genügend entsprechen, es ist dann allgemein $I_{s\,m} =$

$I_x \cdot \cos\varphi = I_k \cdot \cos\varphi_k = I_m$, und daher auch:

$$\textbf{4b.} \quad \frac{I_c}{\cos\varphi \cdot I_x} = \frac{I_c}{I_m}.$$

I_m stellt den durchschnittlichen Wert der Trägheitsmomente des m^{ten} Feldes dar.

Wir gehen nun zur Entwicklung der 3 Hauptelastizitätsgleichungen über.

1. Entwicklung der Gleichung $\frac{\partial \mathfrak{A}}{\partial X_m} = \frac{\partial A_i}{\partial X_m}$.

Der partielle Belastungszustand $X_m = +1$ ist in Abb. 40 dargestellt. Es entstehen 3 Stützenwiderstände:

$$C_{m-1} = +\frac{1}{l_m},\; C_m = -\frac{1}{l_m},\; S_m = +1$$

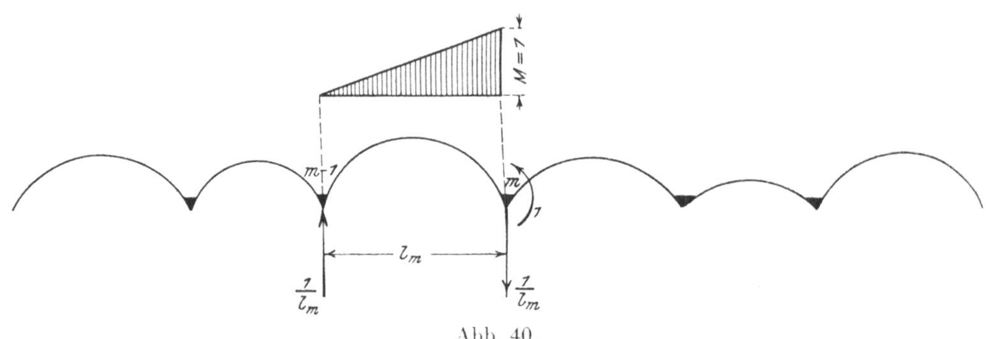

Abb. 40.

Daher ergibt sich

$$\frac{\partial \mathfrak{A}}{\partial X_m} = -\frac{1}{l_m} \cdot \delta_{m-1} + \frac{1}{l_m} \cdot \delta_m - \rho_m$$

$$\textbf{5.} \quad \frac{\partial \mathfrak{A}}{\partial X_m} = \left\{ \begin{array}{l} -\frac{1}{l_m}(\delta_{0\,m-1} - \delta_{0\,m}) - \frac{1}{l_m}(C_{0\,m-1} \cdot \delta'_{m-1} - C_{0\,m} \cdot \delta'_m) - \rho_{0\,m} \\ -\frac{\delta'_{m-1}}{l_{m-1} \cdot l_m}(Y_{m-2} - X_{m-1}) + \frac{\delta'_{m-1} + \delta'_m}{l_m^2}(Y_{m-1} - X_m) - \\ -\frac{\delta'_m}{l_m \cdot l_{m+1}}(Y_m - X_{m+1}) - \\ -\rho'_m(X_m - Y_m) - \rho''_m(\alpha_{m+1} - \alpha_m) \end{array} \right.$$

Andererseits liefert der Ausdruck

$$\frac{\partial A_i}{\partial X_m} = \int_0^{l_m} \frac{M}{EI} \frac{\partial M}{\partial X_m} ds + \int_0^{l_m} \varepsilon \frac{\triangle t}{d} \cdot \frac{\partial M}{\partial X_m} ds + \int_0^{l_m} \frac{N}{EF} \frac{\partial N}{\partial X_m} ds + \int_0^{l_m} \varepsilon t_0 \frac{\partial N}{\partial X_m} ds,$$

wenn der an sich ganz unwesentliche Beitrag der Axialkräfte vernachlässigt wird, und wenn beachtet wird, daß $\frac{\partial M}{\partial X_m} = \frac{x}{l_m}$ ist:

$$\frac{\partial A_i}{\partial X_m} = \frac{1}{l_m}\int_0^{l_m}\frac{M}{E I_x}\cdot x\frac{dx}{\cos\varphi} + \frac{1}{l_m}\cdot\varepsilon\frac{\triangle t}{d}\int_0^{l_m}\frac{x\,dx}{\cos\varphi}$$

Setzen wir:

$$\mu_m\left(1-\frac{1}{20}\frac{l_m^2}{b_m^2}\right) = u_m,$$

$$l_m\left(u_m-\frac{1}{10}\cdot\mu_m\cdot\frac{l_m^2}{b_m^2}\right) = s_m,$$

$$\int_0^{l_m} M_{0\,m}\cdot x\frac{I_c}{I_x\cos\varphi}\cdot dx = L_m,$$

und nehmen wir für $\int_0^{l_m}\frac{x\,dx}{\cos\varphi}$ einen Mittelwert $\frac{l_m^2}{2\cos\varphi_m}$, so erhalten wir:

$$6. \quad \ldots \quad 6 E I_c\frac{\partial A_i}{\partial X_m} = 6\cdot\frac{L_m}{l_m} + Y_{m-1}\cdot l_m\cdot u_m + X_m(l_m\cdot u_m + s_m) - 2\alpha_m\cdot f_m\cdot l_m\cdot u_m$$
$$+ 3\varepsilon E I_c\cdot\frac{\triangle t}{d}\cdot\frac{l_m}{\cos\varphi_m}$$

Da

$$6 E I_c\frac{\partial A_i}{\partial X_m} = 6 E I_c\frac{\partial \mathfrak{A}}{\partial X_m},$$

so gelangen wir durch Zusammenfassung der Gleichungen 5 und 6 zur ersten Hauptgleichung:

$$\textbf{Ia.} \ldots \left\{\begin{aligned} & 6 E I_c\,\rho'_m(X_m-Y_m) + 6 E I_c\,\rho''_m(\alpha_{m+1}-\alpha_m) + \\ & + a_{m-1}(Y_{m-2}-X_{m-1}) - \\ & -\frac{a_{m-1}\cdot l_{m-1}+a_m\cdot l_{m+1}}{l_m}(Y_{m-1}-X_m) + a_m(Y_m-X_{m+1}) \end{aligned}\right.$$

$$= K'_m - Y_{m-1}\cdot l_m\cdot u_m - X_m(l_m\cdot u_m + s_m) + 2\alpha_m\cdot f_m\cdot l_m\cdot u_m$$

wobei

$$a_m = \frac{6 E I_c \cdot \delta'_m}{l_m \cdot l_{m+1}},$$

$$K'_m = -6 \frac{L_m}{l_m} - 3 \varepsilon E I_c \cdot \frac{\triangle t}{d} \cdot \frac{l_m}{\cos \varphi_m} - 6 E I_c \rho_{0m} -$$

$$- \frac{6 E I_c}{l_m} \left[(\delta_{0\,m-1} + C_{0\,m-1} \cdot \delta'_{m-1}) - (\delta_{0\,m} + C_{0\,m} \cdot \delta'_m) \right]$$

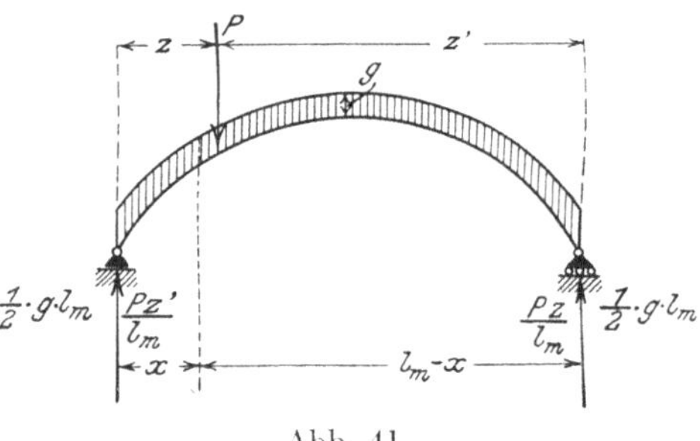

Abb. 41.

Man kann sich leicht überzeugen, daß, wenn eine Last P im Abstande z bzw. z′ vom linken bzw. vom rechten Stützpunkt angreift (Abb. 41), die Biegungsmomente M_{0m} der Gleichung

$$M_{0m} = \frac{P z'}{l_m} \cdot x, \text{ für } x < z$$

bzw.

$$M_{0m} = \frac{P z}{l_m} (l_m - x), \text{ für } (l_m - x) < z'$$

genügen, und daß aus dieser Gleichung, in Verbindung mit der Gl. 4a, die Beziehung

$$7. \quad \ldots \quad 6 \frac{L_m}{l_m} = \frac{P z \cdot z'}{10 l_m^2} \cdot \left\{ 10 c_m \cdot l_m (l_m + z) + \right.$$

$$\left. + \frac{\mu_m}{b_m^2} [2 l_m^4 + z^4 + z \cdot z' (2 l_m^2 + 4 z l_m + z^2)] \right\}$$

abgeleitet werden kann.

Bei einer totalen, gleichmäßigen Belastung g ergibt sich analog:

$$M_{0m} = \frac{g}{2} \cdot x (l_m - x)$$

$$8. \quad \ldots \quad 6 \frac{L_m}{l_m} = g \cdot \frac{l_m^3}{4} \cdot u_m.$$

2. Entwicklung der Gleichung $\frac{\partial \mathfrak{A}}{\partial Y_m} = \frac{\partial A_i}{\partial Y_m}$.

Der partielle Belastungszustand $Y_m = +1$ ist in Abb. 42 dargestellt. Auf Grund ähnlicher Ausführungen wie vorhin wird die folgende Hauptgleichung gewonnen:

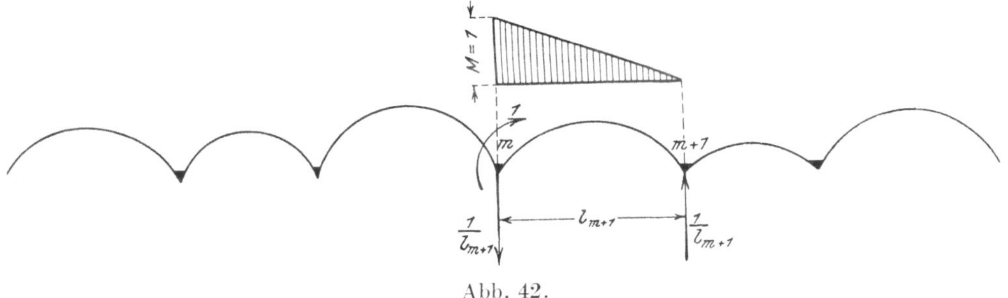

Abb. 42.

$$\text{IIa.}\quad \left\{\begin{aligned} &6\,E\,I_c \cdot \rho'_m\,(X_m - Y_m) + 6\,E\,I_c \cdot \rho''_m\,(\alpha_{m+1} - \alpha_m) + \\ &+ a_m\,(Y_{m-1} - X_m) - \frac{a_m \cdot l_m + a_{m+1} \cdot l_{m+2}}{l_{m+1}}\,(Y_m - X_{m+1}) + \\ &+ a_{m+1}\,(Y_{m+1} - X_{m+2}) \end{aligned}\right.$$

$$= -K''_{m+1} + Y_m\,(l_{m+1} \cdot u_{m+1} + s_{m+1}) + X_{m+1} \cdot l_{m+1} \cdot u_{m+1} - \\ - 2\,\alpha_{m+1} \cdot f_{m+1} \cdot l_{m+1} \cdot u_{m+1}$$

wobei

$$K''_{m+1} = \left\{\begin{aligned} &-6\,\frac{R_{m+1}}{l_{m+1}} - 3\,\varepsilon\,E\,I_c \cdot \frac{\triangle t}{d} \cdot \frac{l_{m+1}}{\cos\varphi_{m+1}} + 6\,E\,I_c\,\rho_{0\,m} + \\ &+ \frac{6\,E\,I_c}{l_{m+1}}\,[(\delta_{0\,m} + C_{0\,m} \cdot \delta'_m) - (\delta_{0\,m+1} + C_{0\,m+1} \cdot \delta'_{m+1})], \end{aligned}\right.$$

$$R_{m+1} = \int_0^{l_{m+1}} M_{0\,m+1}\,\frac{I_c}{I_x \cos\varphi}\,(l_{m+1} - x)\,dx.$$

Für eine Einzellast P, mit den Abständen z und z', (Abb. 41), ist:

$$\text{9.}\quad .\cdot\,.\quad 6\,\frac{R_{m+1}}{l_{m+1}} = \frac{P\,z \cdot z'}{10 \cdot l^2_{m+1}} \cdot \left\{ 10\,c_{m+1} \cdot l_{m+1}\,(l_{m+1} + z') + \right. \\ \left. + \frac{\mu_{m+1}}{b^2_{m+1}}\,[2\,l^4_{m+1} + z'^4 + z\,z'\,(2\,l^2_{m+1} + 4\,l_{m+1} \cdot z' + z'^2)] \right\}$$

Für eine gleichmäßige Belastung g:

10. . . $6 \frac{R_{m+1}}{l_{m+1}} = g \cdot \frac{l_{m+1}^3}{4} \cdot u_{m+1}$

3. Entwicklung der Gleichung $\frac{\partial \mathfrak{A}}{\partial \alpha_m} = \frac{\partial A_i}{\partial \alpha_m}$.

Der partielle Belastungszustand $\alpha_m = 1$ ist in Abb. 43 dargestellt. Die Auflagerwiderstände sind $H_{m-1} = 1$, $H_m = -1$.

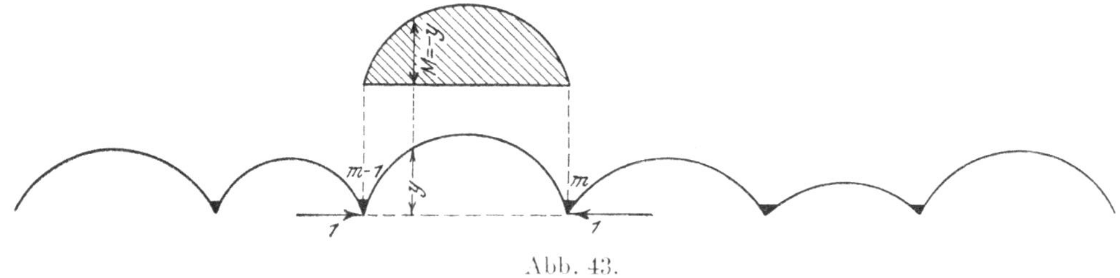

Abb. 43.

Daher ergibt sich:

11. . . $\frac{\partial \mathfrak{A}}{\partial \alpha_m} = -\gamma_{m-1} + \gamma_m = -\gamma'_{m-1}(\alpha_m - \alpha_{m-1}) +$

$+ \gamma'_m(\alpha_{m+1} - \alpha_m) - \gamma_{0\,m-1} + \gamma_{0\,m}$

$- \gamma''_{m-1}(X_{m-1} - Y_{m-1}) + \gamma''_m(X_m - Y_m)$

Andererseits liefert der Ausdruck

$$\frac{\partial A_i}{\partial \alpha_m} = \int \frac{M}{E\,I} \frac{\partial M}{\partial \alpha_m} \cdot ds + \int \varepsilon \frac{\triangle t}{d} \cdot \frac{\partial M}{\partial \alpha_m} \cdot ds + \int \frac{N}{E\,F} \cdot \frac{\partial N}{\partial \alpha_m} \cdot ds + \int \varepsilon t_0 \frac{\partial N}{\partial \alpha_m} ds,$$

wenn man die sehr gut brauchbare Annahme

2a. . . $N_m = -\alpha_m$

zuläßt und beachtet, daß $\frac{\partial M}{\partial \alpha_m} = -y$, $\frac{\partial N}{\partial \alpha_m} = -1$ werden,

$$\frac{\partial A_i}{\partial \alpha_m} = -\int_0^{l_m} \frac{M}{E\,I_x} \cdot y \frac{dx}{\cos\varphi} - \varepsilon \frac{\triangle t}{d} \int_0^{l_m} y \frac{dx}{\cos\varphi} + \alpha_m \int_0^{l_m} \frac{dx}{F\cos\varphi} - \varepsilon t_0 \int_0^{l_m} \frac{dx}{\cos\varphi}$$

Für die 3 letzten Integrale empfiehlt es sich, die Näherungswerte

$$\int_0^{l_m} \frac{y\,dx}{\cos\varphi} = \frac{2}{3}\cdot f\cdot\frac{l_m}{\cos\varphi_m}$$

$$\int_0^{l_m} \frac{dx}{F\cos\varphi} = \frac{l_m}{F_m\cdot\cos\varphi_m}$$

$$\int_0^{l_m} \frac{dx}{\cos\varphi} = \frac{l_m}{\cos\varphi_m}$$

einzuführen: es sind dann $\cos\varphi_m$ und F_m aus den Mittelwerten des m^{ten} Feldes zu wählen.

Setzen wir noch

$$\int_0^{l_m} M_{0\,m}\cdot\frac{I_c}{I_x\cos\varphi}\cdot y\,dx = \mathfrak{S}_m,$$

so erhalten wir:

$$12. \ldots \quad E\,I_c\cdot\frac{\partial A_i}{\partial \alpha_m} = -\,\mathfrak{S}_m - f_m\cdot\frac{l_m}{3}\cdot u_m\,(Y_{m-1}+X_m) -$$
$$-\,\varepsilon\,E\,I_c\left[\frac{\triangle t}{d}\cdot\frac{2}{3}\cdot\frac{f_m\cdot l_m}{\cos\varphi_m} + t_0\cdot\frac{l_m}{\cos\varphi_m}\right] +$$
$$+\,\alpha_m\left[f_m^2\cdot l_m\cdot\mu_m\,\frac{4}{105}\left(14-\frac{1}{2}\cdot\frac{l_m^2}{b_m^2}\right)+\frac{l_m\cdot I_c}{F_m\cdot\cos\varphi_m}\right]$$

Da $E\,I_c\,\dfrac{\partial\mathfrak{A}}{\partial\alpha_m} = E\,I_c\,\dfrac{\partial A_i}{\partial\alpha_m}$, so gelangen wir durch Zusammenfassung der Gleichungen 11 und 12 zur letzten Hauptgleichung:

$$\text{III}^a. \ . \quad (Y_{m-1}+X_m)\cdot\frac{f_m}{3}\cdot l_m\cdot u_m + \eta''_{m-1}\,(Y_{m-1}-X_{m-1}) - \eta''_m\,(Y_m - X_m) =$$
$$= \frac{\Theta_m}{f_m} - E\,I_c\,(\alpha_{m-1}\cdot\eta'_{m-1} + \alpha_{m+1}\cdot\eta'_m) +$$
$$+\,\alpha_m\left[f_m^2\cdot l_m\cdot\mu_m\,\frac{4}{105}\left(14-\frac{1}{2}\cdot\frac{l_m^2}{b_m^2}\right)+\frac{l_m\,I_c}{F_m\cdot\cos\varphi_m}+\right.$$
$$\left.+\,E\,I_c(\eta'_{m-1}+\eta'_m)\right]$$

wobei

$$\Theta_m = -\mathfrak{S}_m - E\,I_c\,(\eta_{0\,m} - \eta_{0\,m-1}) - \varepsilon\,E\,I_c \cdot \frac{l_m}{\cos\varphi_m}\left(t_0 + \frac{2}{3} \cdot \frac{\triangle t}{d} \cdot f_m\right)$$

Es ist schließlich leicht nachzuweisen, daß für eine Einzellast P, mit den Abständen z und z', (Abb. 41), die Beziehung

$$13. \ldots \mathfrak{S}_m = \frac{P\,z \cdot z' \cdot f_m}{15\,l_m^2}\left\{5\,c_m\,(l_m^2 + z \cdot z') + \frac{\mu_m}{b_m^2}\,[l_m^4 + z \cdot z'\,(l_m^2 + 2\,z \cdot z')]\right\}$$

gilt, und analog für eine totale, gleichmäßige Belastung g:

$$14. \ldots \mathfrak{S}_m = g \cdot \frac{f_m \cdot l_m^3}{210}\,\mu_m\left(14 - \frac{1}{2} \cdot \frac{l_m^2}{b_m^2}\right).$$

Die Gleichungen I^a, II^a und III^a sind je n-mal aufzustellen, um alle Elastizitätsbedingungen auszudrücken, welche das Trägergebilde charakterisieren: ihre Auflösung liefert alle Werte X, Y und α.

Es dürfte vielleicht von Interesse sein, auf einige Beziehungen hinzuweisen, welche sich aus den Hauptgleichungen ableiten lassen, sobald man die Koeffizienten a_m, η_m'' und ρ_m'' aus der Rechnung ausschaltet. Diese Vernachlässigung beeinträchtigt, bei den üblichen Stützungsarten der Bogenträger, die Ergebnisse der Untersuchung so wenig, daß sie wohl angesichts der bedeutenden Vereinfachungen, welche sie zu erzielen gestattet, als durchaus zulässig angesehen werden darf. Die Gleichungen I^a, II^a und III^a gehen über in:

$$I^b) \ldots 6\,E\,I_c \cdot \rho_m'\,(X_m - Y_m) = K_m' - Y_{m-1} \cdot l_m \cdot u_m - X_m\,(l_m \cdot u_m + s_m) + 2\,\alpha_m \cdot f_m \cdot l_m \cdot u_m$$

$$II^b) \ldots 6\,E\,I_c \cdot \rho_m'\,(X_m - Y_m) = -K_{m+1}'' + Y_{m+1}\,(l_{m+1} \cdot u_{m+1} + s_{m+1}) + X_{m+1} \cdot l_{m+1} \cdot u_{m+1} - 2\,\alpha_{m+1} \cdot f_{m+1} \cdot l_{m+1} \cdot u_{m+1}$$

$$III^b) \ldots (Y_{m-1} + X_m)\,l_m \cdot u_m = 3\,\frac{\Theta_m}{f_m} - \frac{3\,E\,I_c}{f_m}\,(\alpha_{m-1} \cdot \eta_{m-1}' + \alpha_{m+1} \cdot \eta_m') + \alpha_m\left[f_m \cdot l_m \cdot \mu_m\,\frac{4}{35}\left(14 - \frac{1}{2} \cdot \frac{l_m^2}{b_m^2}\right) + \frac{3\,l_m \cdot I_c}{f_m \cdot F_m \cdot \cos\varphi_m} + \frac{3\,E\,I_c}{f_m}\,(\eta_{m-1}' + \eta_m')\right]$$

Aus I^b und II^b ergibt sich auch, wenn

$$K_m' + K_{m+1}'' = K_m$$

gesetzt wird:

$$Y_{m-1} \cdot l_m \cdot u_m + X_m (l_m \cdot u_m + s_m) + Y_m (l_{m+1} \cdot u_{m+1} + s_{m+1}) + X_{m+1} \cdot l_{m+1} \cdot u_{m+1} =$$
$$= K_m + 2\alpha_m \cdot f_m \cdot l_m \cdot u_m + 2\alpha_{m+1} \cdot f_{m+1} \cdot l_{m+1} \cdot u_{m+1}$$

oder in anderer Form:

$$\text{IV)} \ldots X_m \cdot s_m + Y_m \cdot s_{m+1} = K_m + 2\alpha_m \cdot f_m \cdot l_m \cdot u_m + 2\alpha_{m+1} \cdot f_{m+1} \cdot l_{m+1} \cdot u_{m+1}$$
$$-[l_m \cdot u_m (Y_{m-1} + X_m) + l_{m+1} \cdot u_{m+1} (Y_m + X_{m+1})].$$

In letzterer Gleichung ersetzen wir die Klammerausdrücke durch die entsprechenden α-Verbindungen, welche die rechte Seite der Gleichung III^b bilden, und erhalten:

$$\text{V)} \ldots X_m \cdot s_m + Y_m \cdot s_{m+1} = K_m - 3\left(\frac{\Theta_m}{f_m} + \frac{\Theta_{m+1}}{f_{m+1}}\right) +$$
$$+ \alpha_{m-1} \cdot \frac{\tau_{m-1}}{f_m} + \alpha_{m+2} \cdot \frac{\tau_{m+1}}{f_{m+1}}$$
$$+ \alpha_m \left(e_m^2 - \frac{\tau_{m-1} + \tau_m}{f_m} + \frac{\tau_m}{f_{m+1}}\right)$$
$$+ \alpha_{m+1}\left(e_{m+1}^2 - \frac{\tau_m + \tau_{m+1}}{f_{m+1}} + \frac{\tau_m}{f_m}\right),$$

wobei

$$\tau_m = 3 E I_c \cdot \eta'_m$$

$$e_m^2 = 2 f_m \cdot l_m \cdot u_m \left[1 - \frac{2}{35} \cdot \frac{\mu_m}{u_m}\left(14 - \frac{1}{2} \cdot \frac{l_m^2}{b_m^2}\right) - \frac{3}{2} \cdot \frac{I_c}{f_m^2 \cdot u_m \cdot F_m \cdot \cos\varphi_m}\right]$$

Andererseits liefert die Gleichung II^b

$$6 E I_c \cdot \rho'_m (X_m - Y_m) - Y_m \cdot s_{m+1} = - K''_{m+1} -$$
$$- 2\alpha_{m+1} \cdot f_{m+1} \cdot l_{m+1} \cdot u_{m+1} + l_{m+1} \cdot u_{m+1} (Y_m + X_{m+1}),$$

wenn man den Klammerausdruck der rechten Seite durch eine entsprechende, aus Gl. III^b zu bestimmende α-Verbindung ersetzt:

$$\text{VI)} \ldots 6 E I_c \cdot \rho'_m \cdot X_m - Y_m (s_{m+1} + 6 E I_c \cdot \rho'_m) = - K''_{m+1} +$$
$$+ 3\frac{\Theta_{m+1}}{f_{m+1}} - \alpha_{m+1}\left(e_{m+1}^2 - \frac{\tau_m + \tau_{m+1}}{f_{m+1}}\right)$$
$$- \frac{\alpha_m \cdot \tau_m + \alpha_{m+2} \cdot \tau_{m+1}}{f_{m+1}}$$

Aus den Gleichungen V und VI ergibt sich, wenn zur Abkürzung

15. $$6\,E\,I_c \cdot \rho'_m = \lambda_m$$

$$\lambda_m + s_m = \lambda'_m$$

$$\lambda_m + s_{m+1} = \lambda''_m$$

$$\lambda_m \cdot s_m + s_m \cdot s_{m+1} + s_{m+1} \cdot \lambda_m = \Delta_m$$

$$e_m^2 - \frac{\tau_{m-1} + \tau_m}{f_m} = r_m^2$$

gesetzt wird:

VIIa) $$X_m \cdot J_m = K_m \cdot \lambda''_m - K''_{m+1} \cdot s_{m+1} - 3\left(\frac{\Theta_m}{f_m} \cdot \lambda''_m + \frac{\Theta_{m+1}}{f_{m+1}} \cdot \lambda_m\right) + \alpha_{m-1} \cdot \frac{\tau_{m-1}}{f_m} \cdot \lambda''_m + \alpha_m \left[\frac{\tau_m \cdot \lambda_m}{f_{m+1}} + r_m^2 \cdot \lambda''_m\right] + \alpha_{m+1}\left(\frac{\tau_m \cdot \lambda''_m}{f_m} + r_{m+1}^2 \cdot \lambda_m\right) + \alpha_{m+2}\,\frac{\tau_{m+1}}{f_{m+1}} \cdot \lambda_m$$

VIIb) $$Y_m \cdot J_m = K_m \cdot \lambda_m + K''_{m+1} \cdot s_m - 3\left(\frac{\Theta_m}{f_m} \cdot \lambda_m + \frac{\Theta_{m+1}}{f_{m+1}} \cdot \lambda'_m\right) + \alpha_{m-1} \cdot \frac{\tau_{m-1}}{f_m} \cdot \lambda_m + \alpha_m\left(\frac{\tau_m \cdot \lambda'_m}{f_{m+1}} + r_m^2 \cdot \lambda_m\right) + \alpha_{m+1}\left(\frac{\tau_m \cdot \lambda_m}{f_m} + r_{m+1}^2 \cdot \lambda'_m\right) + \alpha_{m+2} \cdot \tau_{m+1} \cdot \frac{\lambda'_m}{f_{m+1}}$$

Diese Gleichungen zeigen uns, daß es möglich ist, die Werte X und Y_m als Funktionen der Werte α auszudrücken. Es ist nun leicht, ein homogenes α-Gleichungssystem zu finden.

Ersetzen wir in der Gleichung III^b

$$Y_{m-1} + X_m = \frac{3\,\Theta_m}{f_m \cdot l_m \cdot u_m} - \frac{1}{f_m \cdot l_m \cdot u_m}(\alpha_{m-1} \cdot \tau_{m-1} + \alpha_{m+1} \cdot \tau_m) + \alpha_m\left[\frac{4}{35} \cdot \frac{f_m}{u_m} \cdot \mu_m\left(14 - \frac{1}{2} \cdot \frac{l_m^2}{b_m^2}\right) + \frac{3\,I_c}{f_m \cdot u_m \cdot F_m \cdot \cos\varphi_m} + \frac{\tau_{m-1} + \tau_m}{f_m \cdot l_m \cdot u_m}\right]$$

Y_{m-1} und X_m durch die zugehörigen, in den Gleichungen VII angegebenen α-Verbindungen, so gelangen wir zur folgenden Hauptgleichung:

$$\text{VIII)} \ldots Z_m = -\alpha_{m-2} \cdot \frac{\tau_{m-2} \cdot \lambda_{m-1}}{f_{m-1} \cdot \varDelta_{m-1}} - \alpha_{m+2} \cdot \frac{\tau_{m+1} \cdot \lambda_m}{f_{m+1} \cdot \varDelta_m}$$

$$-\alpha_{m-1}\left(r_{m-1}^2 \cdot \frac{\lambda_{m-1}}{\varDelta_{m-1}} + \frac{\tau_{m-1}}{f_m \cdot v_m}\right) - \alpha_{m+1}\left(r_{m+1}^2 \cdot \frac{\lambda_m}{\varDelta_m} + \frac{\tau_m}{f_m \cdot v_m}\right)$$

$$+ \alpha_m \left[\frac{4}{35} \cdot \mu_m \cdot \frac{f_m}{u_m}\left(14 - \frac{1}{2} \cdot \frac{l_m^2}{b_m^2}\right) + \frac{3\, I_c}{f_m \cdot u_m \cdot F_m \cdot \cos \varphi_m} + \right.$$

$$\left. + \frac{e_m^2}{l_m \cdot u_m} - \left(\frac{\tau_{m-1}}{f_{m-1}} \cdot \frac{\lambda_{m-1}}{\varDelta_{m-1}} + \frac{r_m^2}{v_m} + \frac{\tau_m \cdot \lambda_m}{f_{m+1} \cdot \varDelta_m}\right)\right],$$

wobei:

$$\frac{1}{v_m} = \frac{\lambda'_{m-1}}{\varDelta_{m-1}} + \frac{1}{l_m \cdot u_m} + \frac{\lambda''_m}{\varDelta_m}$$

$$Z_m = \frac{1}{\varDelta_{m-1}}(K'_{m-1} \cdot \lambda_{m-1} + K''_m \cdot \lambda'_{m-1}) + \frac{1}{\varDelta_m}(K'_m \cdot \lambda''_m + K''_{m+1} \cdot \lambda_m)$$

$$-3\left(\frac{\Theta_{m-1}}{f_{m-1}} \cdot \frac{\lambda_{m-1}}{\varDelta_{m-1}} + \frac{\Theta_m}{f_m \cdot v_m} + \frac{\Theta_{m+1}}{f_{m+1}} \cdot \frac{\lambda_m}{\varDelta_m}\right)$$

Die fünfgliedrige α-Gleichung kann als die typische Elastizitätsgleichung des durchlaufenden Bogenträgers mit elastischer Stützung angesehen werden; die Gruppierung der Unbekannten ist dieselbe wie bei den α-Gleichungen der durchlaufenden Rahmenträger. Diese neue Gleichung weist also auch alle Vorzüge der einfachen Clapeyronschen Gleichungen auf.

Die erste und die letzte Gleichung des Gleichungssystems verdienen besondere Beachtung.

Setzt man

$$\alpha_0 = \alpha_{n+1} = 0, \qquad K_0' = \Theta_0 = K''_{n+1} = \Theta_{n+1} = 0,$$

$$\frac{s_0}{\varDelta_0} = \frac{\lambda_0'}{\varDelta_0} = \frac{1}{\lambda_0 + s_1}, \qquad \frac{\lambda_n''}{\varDelta_n} = \frac{1}{\lambda_n + s_n},$$

so ergibt sich:

$$\text{VII}^{c}) \ . \ Y_0 = K_1'' \cdot \frac{s_0}{\varDelta_0} - 3\,\frac{\Theta_1}{f_1} \cdot \frac{\lambda_0'}{\varDelta_0} + \alpha_1 \cdot r_1^2 \cdot \frac{\lambda_0'}{\varDelta_0} + \alpha_2 \cdot \frac{\tau_1}{f_1} \cdot \frac{\lambda_0'}{\varDelta_0}$$

$$\text{VII}^{d}) \ . \ X_n = K_n' \cdot \frac{\lambda_n''}{\varDelta_n} - 3\,\frac{\Theta_n}{f_n} \cdot \frac{\lambda_n''}{\varDelta_n} + \alpha_{n-1} \cdot \frac{\tau_{n-1}}{f_n} \cdot \frac{\lambda_n''}{\varDelta_n} + \alpha_n \cdot r_n^2 \cdot \frac{\lambda_n''}{\varDelta_n}$$

und somit auch:

$$\text{VIII}^{a})\;.\;Z_1 = K_1'' \cdot \frac{\lambda_0'}{\varDelta_0} + \frac{1}{\varDelta_1}(K_1' \cdot \lambda_1'' + K_2'' \cdot \lambda_1) - 3\left(\frac{\Theta_1}{f_1 \cdot v_1} + \frac{\Theta_2}{f_2} \cdot \frac{\lambda_1}{\varDelta_1}\right) =$$

$$= \alpha_1 \left[\frac{4}{35} \cdot \frac{f_1}{u_1} \cdot \mu_1 \left(14 - \frac{1}{2} \cdot \frac{l_1^2}{b_1^2}\right) + \frac{3\,I_c}{f_1 \cdot u_1 \cdot F_1 \cdot \cos\varphi_1} + \right.$$

$$\left. + \frac{e_1^2}{l_1 \cdot u_1} - \left(\frac{r_1^2}{v_1} + \frac{\tau_1 \cdot \lambda_1}{f_2 \cdot \varDelta_1}\right)\right] -$$

$$- \alpha_2 \left(r_2^2 \cdot \frac{\lambda_1}{\varDelta_1} + \frac{\tau_1}{f_1 \cdot v_1}\right) - \alpha_3 \cdot \frac{\tau_2 \cdot \lambda_1}{f_2 \cdot \varDelta_1}$$

$$\text{VIII}^{b})\;.\;Z_n = \frac{1}{\varDelta_{n-1}}(K'_{n-1} \cdot \lambda_{n-1} + K''_n \cdot \lambda'_{n-1}) + \frac{1}{\varDelta_n} \cdot K_n' \cdot \lambda_n'' -$$

$$- 3\left(\frac{\Theta_{n-1}}{f_{n-1}} \cdot \frac{\lambda_{n-1}}{\varDelta_{n-1}} + \frac{\Theta_n}{f_n \cdot v_n}\right) =$$

$$= -\alpha_{n-2} \cdot \frac{\tau_{n-2} \cdot \lambda_{n-1}}{f_{n-1} \cdot \varDelta_{n-1}} - \alpha_{n-1}\left(r_{n-1}^2 \cdot \frac{\lambda_{n-1}}{\varDelta_{n-1}} + \frac{\tau_{n-1}}{f_n \cdot v_n}\right) +$$

$$+ \alpha_n \left[\frac{4}{35} \cdot \frac{f_n}{u_n} \cdot \mu_n \left(14 - \frac{1}{2} \cdot \frac{l_n^2}{b_n^2}\right) + \frac{3\,I_c}{f_n \cdot u_n \cdot F_n \cdot \cos\varphi_n} + \frac{e_n^2}{l_n \cdot u_n} - \right.$$

$$\left. - \left(\frac{r_n^2}{v_n} + \frac{\tau_{n-1} \cdot \lambda_{n-1}}{f_{n-1} \cdot \varDelta_{n-1}}\right)\right]$$

In der zweiten bzw. in der vorletzten Gleichung bleiben bis auf α_0 und α_{n+1} alle α-Werte mit ihrem Koeffizienten bestehen.

Das Gleichungssystem VIII läßt sich außerordentlich vereinfachen, wenn in allen Öffnungen die gleiche Spannweite, die gleiche Pfeilhöhe und die gleichen Querschnittsverhältnisse vorhanden sind.

Wählt man als Gesetz der Querschnittsveränderlichkeit die Bedingung 4^b: $I \cos\varphi = I_c$, und vernachlässigt das Glied $\frac{3\,I_c}{f\,F}$, so gelangt man zu den folgenden Gleichungen:

$$\text{IX}^{a})\;.\;.\;Z_1' = K_1''\left(l + \frac{l\,\lambda}{1+\lambda}\right) + K_1'(\lambda + l) + K_2''\,\lambda - 3\,\frac{\lambda}{f}\left[\Theta_1\left(\frac{3\,\lambda + 3\,l}{\lambda} + \frac{l}{\lambda + l}\right) + \Theta_2\right]$$

$$= \alpha_1 \left\{\frac{2}{5} \cdot f \cdot l \left[2\,l + \lambda\left(7 - \frac{l}{l+\lambda}\right)\right] + \frac{\tau}{f}\left[6\,l + \lambda\left(5 + \frac{2\,l}{\lambda + l}\right)\right]\right\} -$$

$$- \alpha_2 \left[\frac{2}{5} \cdot f \cdot l \cdot \lambda + \frac{\tau}{f}\left(3\,l + \lambda + \frac{\lambda\,l}{\lambda + l}\right)\right] - \alpha_3 \cdot \tau \cdot \frac{\lambda}{f}$$

. . . .

$$\text{IX)} \ldots Z'_m = \lambda(K'_{m-1} + K''_{m+1}) + (\lambda + 1)(K'_m + K''_m) -$$

$$-3\frac{\lambda}{f}\left[\Theta_{m-1} + \Theta_m\left(4 + \frac{3\,l}{\lambda}\right) + \Theta_{m+1}\right] =$$

$$= -\tau\cdot\frac{\lambda}{f}(\alpha_{m-2} + \alpha_{m+2}) - \left[\frac{2}{5}\cdot f\cdot l\cdot\lambda + \tau\left(\frac{3\,l + 2\lambda}{f}\right)\right](\alpha_{m-1} + \alpha_{m+1}) +$$

$$+ \alpha_m\left[\frac{4}{5}\cdot f\cdot l\,(3\lambda + l) + 6\frac{\tau}{f}(\lambda + l)\right]$$

. . . .

$$\text{IX}^b. \ldots Z'_n = \lambda K'_{n-1} + (\lambda + 1)K''_n + K'_n\, l\left(1 + \frac{\lambda}{l + \lambda}\right) -$$

$$-\frac{3\lambda}{f}\left[\Theta_{n-1} + \Theta_n\left(\frac{3\lambda + 3\,l}{\lambda} + \frac{l}{\lambda + l}\right)\right] =$$

$$= -\alpha_{n-2}\cdot\tau\cdot\frac{\lambda}{f} - \alpha_{n-1}\left[\frac{2}{5}\cdot f\,l\,\lambda + \frac{\tau}{f}\left(3\,l + \lambda + \frac{\lambda\,l}{\lambda + l}\right)\right] +$$

$$+ \alpha_n\left\{\frac{2}{5}\cdot f\,l\left[2\,l + \lambda\left(7 - \frac{l}{l + \lambda}\right)\right] + \frac{\tau}{f}\left[\lambda\left(5 + \frac{2\,l}{\lambda + l}\right) + 6\,l\right]\right\}$$

Die Gleichungen VIII und IX werden die Grundlage aller unserer weiteren Untersuchungen über mehrfach gestützte Bogenträger bilden; wir werden zeigen, wie durch Einführung bestimmter Sonderwerte der Elastizitätsmasse ρ' und η' die jeder in der Praxis vorkommenden Stützungsart eigenen Elastizitätsbedingungen in einfachster Weise zum Ausdruck gebracht werden können.

Bevor wir in den nächsten Abschnitten an diese Aufgabe herantreten, wollen wir an einem Beispiel die Anwendung der Hauptgleichungen erläutern.

§ 2. Beispiel 1.

Der in Abb. 44 skizzierte Träger besteht aus vier Öffnungen gleicher Beschaffenheit. In den Mittelfeldern wird er durch zwei symmetrische, gleich große, am Bogenscheitel angreifende Kräfte P beansprucht. Gesucht sind die Horizontalschübe und die Stützenmomente, und zwar unter der Annahme unverrückbarer Endwiderlager.

Setzen wir $\tau_0 = 0$, so gehen die Gleichungen IX[a] über in:

$$\text{X}^{a}) \ldots Z_1' = \alpha_1\left\{\frac{2}{5}\cdot f\,l\left[2\,l + \lambda\left(7 - \frac{l}{l + \lambda}\right)\right] + \frac{\tau}{f}\left[\lambda\left(2 + \frac{l}{\lambda + l}\right) + 3\,l\right]\right\}$$

$$-\alpha_2\left[\frac{2}{5}\cdot f\,l\,\lambda + \frac{\tau}{f}\left(3\,l + \lambda + \frac{\lambda\,l}{\lambda + l}\right)\right] - \alpha_3\cdot\tau\cdot\frac{\lambda}{f}$$

$$Z_2' = -\alpha_1\left[\frac{2}{5}\cdot f\,l\,\lambda + 3\,\frac{\tau}{f}\,(l+\lambda)\right] + \alpha_2\left[\frac{4}{5}\cdot f\,l\,(3\,\lambda + l) + 6\,\frac{\tau}{f}\,(\lambda + l)\right]$$

$$-\,\alpha_3\left[\frac{2}{5}\cdot f\,l\,\lambda + \frac{\tau}{f}\,(3\,l + 2\,\lambda)\right] - \alpha_4\cdot\tau\cdot\frac{\lambda}{f}$$

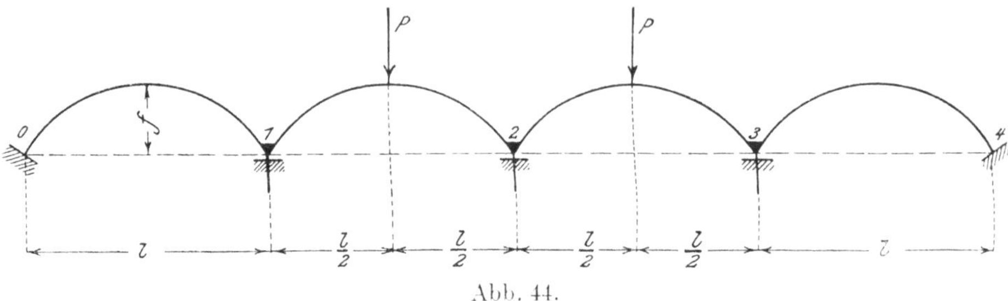

Abb. 44.

Mit Rücksicht auf die Symmetrie müssen $\alpha_1 = \alpha_4$, $\alpha_2 = \alpha_3$ $K_2' = K_3''$, $K_2'' = K_3'$ werden. Beachtet man, daß $K_1' = K_1'' = K_4' = K_4'' = \Theta_1 = \Theta_4 = 0$ sind, so lauten die Elastizitätsgleichungen

1\. .... $Z_1' = Z_4' = K_2''\,\lambda - 3\,\dfrac{\lambda}{f}\cdot\Theta_2$

$$= \alpha_1\left\{\frac{2}{5}\cdot f\,l\left[2\,l + \lambda\left(7 - \frac{l}{\lambda + l}\right)\right] + \frac{\tau}{f}\left[\lambda\left(2 + \frac{l}{\lambda + l}\right) + 3\,l\right]\right\}$$

$$-\,\alpha_2\left[\frac{2}{5}\cdot f\,l\,\lambda + \frac{\tau}{f}\left(3\,l + 2\,\lambda + \frac{\lambda\,l}{\lambda + l}\right)\right]$$

2\. .... $Z_2' = Z_3' = K_2'\,(2\,\lambda + l) + K_2''\,(\lambda + l) - 3\,\dfrac{\Theta_2}{f}\cdot\lambda\left(5 + \dfrac{3\,l}{\lambda}\right)$

$$= -\,\alpha_1\left[\frac{2}{5}\cdot f\,l\,\lambda + \frac{\tau}{f}\,(3\,l + 4\,\lambda)\right] + \alpha_2\left[\frac{2}{5}\cdot f\,l\,(5\,\lambda + 2\,l) + \frac{\tau}{f}\,(4\,\lambda + 3\,l)\right]$$

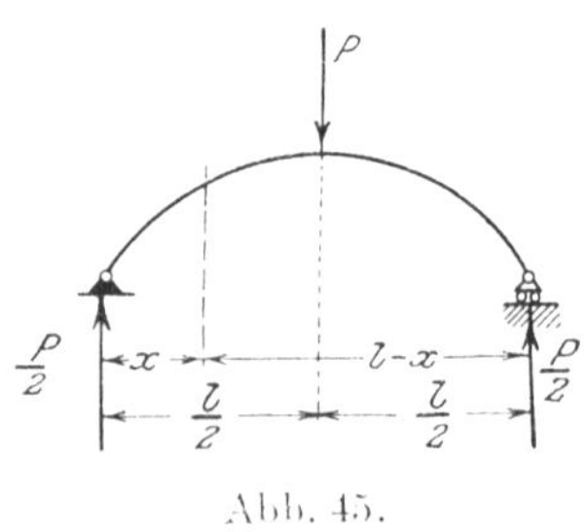

Abb. 45.

Für das Hauptsystem ist nach Abb. 45:

für $x < \dfrac{l}{2}$ $\quad M_0 = \dfrac{P}{2}\cdot x$, $\quad$ für $l - x < \dfrac{l}{2}$ $\quad M_0 = \dfrac{P}{2}\,(l - x)$.

Unter Zugrundelegung des Querschnittsveränderlichkeitsgesetzes 4^b: $I \cos \varphi = I_c$, ergibt sich:

$$L_2 = \int_0^l M_0 \, x \, dx = \frac{3}{48} P l^3 = R_2 = L_3 = R_3$$

$$\mathfrak{S}_2 = \int_0^l M_0 \, y \, dx = \frac{4 f}{l^2} \int_0^l M_0 \cdot x (l - x) \, dx = + \frac{5}{48} \cdot P l^2 f = \mathfrak{S}_3$$

mithin[1])

$$K_2' = K_2'' = K_3' = K_3'' = - \frac{3}{8} P l^2, \qquad 3 \frac{\Theta_2}{f} = 3 \frac{\Theta_3}{f} = - \frac{5}{16} P l^2.$$

Führen wir diese Werte in die Gleichungen 1 und 2 ein, und setzen wir zur Abkürzung

$$\frac{5 \tau}{2 f^2 l} = \gamma$$

$$\frac{\lambda}{l}\left(7 - \frac{1}{\lambda + 1}\right) + 2 + \gamma \left[\frac{\lambda}{l}\left(2 + \frac{1}{\lambda + 1}\right) + 3\right] = o_1,$$

$$\frac{\lambda}{l} + \gamma \left[\frac{\lambda}{l}\left(2 + \frac{1}{\lambda + 1}\right) + 3\right] = o_2,$$

$$\frac{\lambda}{l} + \gamma \left(4 \frac{\lambda}{l} + 3\right) = o_3,$$

$$5 \frac{\lambda}{l} + 2 + \gamma \left(4 \frac{\lambda}{l} + 3\right) = o_4,$$

so erhalten wir:

$$3. \ldots \alpha_1 = \frac{5}{32} \frac{P l}{f} \cdot \varkappa_1, \quad \text{wo } \varkappa_1 = \frac{o_2 \left(7 \frac{\lambda}{l} + 3\right) - o_4 \cdot \frac{\lambda}{l}}{o_1 \cdot o_4 - o_2 \cdot o_3}$$

$$4. \ldots \alpha_2 = \frac{5}{32} \frac{P l}{f} \cdot \varkappa_2, \quad \text{wo } \varkappa_2 = \frac{o_1 \left(7 \frac{\lambda}{l} + 3\right) - o_3 \cdot \frac{\lambda}{l}}{o_1 \cdot o_4 - o_2 \cdot o_3}.$$

Aus Gleichung VII ergibt sich ferner:

$$5. \ldots X_2 = Y_2 = - \frac{P l}{16} \cdot \nu, \quad \text{wo } \nu = (1 - \varkappa_2) + \gamma (\varkappa_2 - \varkappa_1).$$

---

[1]) Die lotrechten Verschiebungen der Stützpunkte sind hierbei ausgeschaltet.

Die 3 Formeln 3, 4 und 5 gestatten uns, für alle möglichen Werte von λ und γ die zugehörigen Werte α_1, α_2 und X_2 zu errechnen.

Beispielsweise für $\gamma = 0$ und

$$\frac{\lambda}{l} = 0, \quad \frac{\lambda}{l} = 2, \quad \frac{\lambda}{l} = 9, \quad \frac{\lambda}{l} = \infty$$

ist

$\varkappa_1 =$	0,0;	= 0,0556;	= 0,0585;	= 0,0589; —
$\varkappa_2 =$	1,5;	= 1,425 ;	= 0,4135;	= 1,4111;
$\nu =$	— 0,5;	= — 0,425 ;	= — 0,4135;	= — 0,4111.

Für $\gamma = 10$, und

$$\frac{\lambda}{l} = 0, \quad \frac{\lambda}{l} = 2, \quad \frac{\lambda}{l} = 9, \quad \frac{\lambda}{l} = \infty$$

ist

$\varkappa_1 =$	0,726;	= 0,456;	= 0,343;	= 0,288;
$\varkappa_2 =$	0,774;	= 0,558;	= 0,465;	= 0,418;
$\nu =$	+ 0,746;	= + 1,462;	= + 1,755;	= + 1,882.

Wiederholt man die Berechnung für Zwischenwerte von λ und γ, so wird man erkennen, daß für $\gamma = 0$, d. h. für unverrückbare Widerlager, die Wirkung der Belastung sich fast ausschließlich in den belasteten Feldern selbst konzentriert: der Schub α_1 bzw. α_4 ist sehr gering. Die Werte α_2 und X_2 nehmen mit wachsendem $\frac{\lambda}{l}$ nur unwesentlich ab, da selbst bei geringem Verdrehungswiderstande die Wirkung der Endfelder genügt, um eine teilweise Einspannung der Mittelfelder zu ersetzen. Bei gleichbleibendem $\frac{\lambda}{l}$ nimmt α_2 um so rascher ab, je größer γ wird, und dementsprechend bedingt jede Abnahme von α_2 eine Zunahme von α_1.

Bei gleichbleibendem γ sind α_1 und α_2 um so kleiner, je größer $\frac{\lambda}{l}$ gewählt wird.

Im allgemeinen entspricht jeder Abnahme der Schübe eine Zunahme der Stützenmomente, sei es daß γ, oder $\frac{\lambda}{l}$, oder beide zugleich sich vergrößern.

Der Einfluß der Nachgiebigkeit der Stützung ist besonders bei kleinen Werten γ und $\frac{\lambda}{l}$ sehr bemerkbar: die Schwankungen in den zugehörigen Werten α und X sind ganz erheblich.

Dieser Nachweis der Empfindlichkeit des ganzen Systems bestätigt die bekannte Erfahrung, daß bei Bogenträgern eine einwandsfreie Stützungsart die Grundbedingung einer richtigen Konstruktion sein muß.

II. Abschnitt.

Bogenträger mit unverschiebbaren, aber elastisch drehbaren Stützpunkten.

§ 1. Entwicklung der Grundgleichungen.

Die Stützungsart ist in der Weise gedacht, daß die Kämpferpunkte keine Verrückung erfahren, während die Einspannung der Träger im Stützkörper nicht starr genug ist, um jegliche Verdrehung zu verhindern.

Um die charakteristischen Gleichungen zu finden, brauchen wir nur in den Gleichungen VII, VIII und IX des vorigen Abschnittes den Sonderwert $\eta' = 0$, also auch $\tau = 0$ einzuführen.

Der Reihe nach ergibt sich:

a) statt Gl. VII:

XIa) $$X_m \cdot \varDelta_m = K_m \cdot \lambda''_m - K''_{m+1} \cdot s_{m+1} - 3\left(\frac{\Theta_m}{f_m} \cdot \lambda''_m + \frac{\Theta_{m+1}}{f_{m+1}} \cdot \lambda_m\right) + \\ + \alpha_m \cdot e_m^2 \cdot \lambda''_m + \alpha_{m+1} \cdot e_{m+1}^2 \cdot \lambda_m$$

XIb) $$Y_m \cdot \varDelta_m = K_m \cdot \lambda_m + K''_{m+1} \cdot s_m - 3\left(\frac{\Theta_m}{f_m} \cdot \lambda_m + \frac{\Theta_{m+1}}{f_{m+1}} \cdot \lambda'_m\right) + \\ + \alpha_m \cdot e_m^2 \cdot \lambda_m + \alpha_{m+1} \cdot e_{m+1}^2 \cdot \lambda'_m$$

XIc) $$Y_0\, \varDelta_0 = K_1'' \cdot s_0 - 3\, \frac{\Theta_1}{f_1} \cdot \lambda_0' + \alpha_1 \cdot e_1^2 \cdot \lambda_0'$$

XId) $$X_n \cdot \varDelta_n = K_n' \cdot \lambda_n'' - 3\, \frac{\Theta_n}{f_n} \cdot \lambda_n'' + \alpha_n \cdot e_n^2 \cdot \lambda_n''.$$

b) statt Gl. VIII:

XII) $$Z_m = -\alpha_{m-1} \cdot e_{m-1}^2 \cdot \frac{\lambda_{m-1}}{\varDelta_{m-1}} - \alpha_{m+1} \cdot e_{m+1}^2 \cdot \frac{\lambda_m}{\varDelta_m} + \\ + \alpha_m \left[\frac{4}{35} \cdot \frac{f_m}{u_m} \cdot \mu_m \left(14 - \frac{1}{2} \cdot \frac{l_m^2}{b_m^2}\right) + \right. \\ \left. + \frac{3\, I_c}{f_m \cdot u_m \cdot F_m \cdot \cos\varphi_m} - e_m^2 \left(\frac{\lambda'_{m-1}}{\varDelta_{m-1}} + \frac{\lambda''_m}{\varDelta_m}\right)\right]$$

$$\text{XII}^{a}) \ldots Z_1 = \alpha_1 \left[\frac{4}{35} \cdot \frac{f_1}{u_1} \cdot \mu_1 \cdot \left(14 - \frac{1}{2} \cdot \frac{l_1^2}{b_1^2}\right) + \right.$$

$$\left. + \frac{3\, I_c}{f_1 \cdot u_1 \cdot F_1 \cdot \cos\varphi_1} - e_1^2 \left(\frac{\lambda_0'}{J_0} + \frac{\lambda_1''}{J_1} \right) \right] - \alpha_2 \cdot e_2^2 \cdot \frac{\lambda_1}{J_1}.$$

c) statt Gl. IX:

$$\text{XIII}) \ldots Z_m' = -\frac{2}{5} \cdot f\, l\, \lambda (\alpha_{m-1} + \alpha_{m+1}) + \frac{4}{5} \cdot f\, l\, \lambda \left(3 + \frac{1}{\lambda}\right) \alpha_m$$

$$\text{XIII}^{a}) \,.\, Z_1' = \frac{2}{5} \cdot f\, l \cdot \alpha_1 \left[\lambda \left(7 - \frac{1}{\lambda + 1}\right) + 2\, l \right] - \alpha_2 \cdot \frac{2}{5} \cdot f\, l\, \lambda.$$

Die Hauptgleichungen α in der Form XII und XIII sind von einer überraschenden Einfachheit: ihre Gliederung ist dieselbe wie diejenige der bekannten Dreimomentengleichung des gewöhnlichen durchlaufenden Balkens, und ihre Auflösung läßt sich außerordentlich leicht durchführen.

§ 2. Beispiel 2.

Der in Abb. 46 skizzierte Träger hat zwei Öffnungen gleicher Beschaffenheit; am Scheitel des linken Feldes greift eine Kraft P an. Gesucht sind Horizontalschübe und Biegungsmomente.

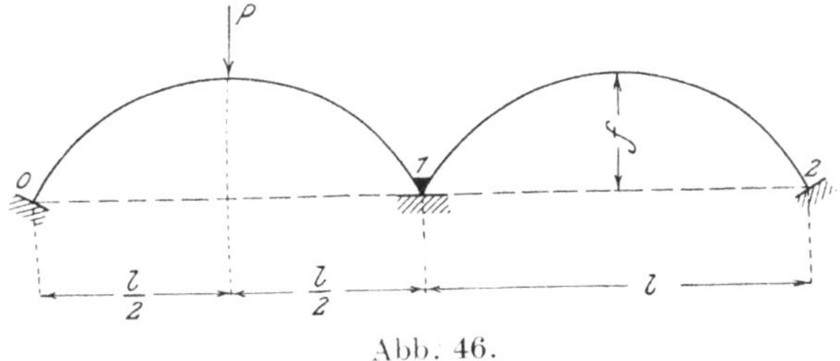

Abb. 46.

Nach Gl. XIII lauten die Elastizitätsbedingungen:

$$1. \ldots\ldots \frac{2}{5} \cdot f\, l\, \alpha_1 \left[\lambda \left(7 - \frac{1}{\lambda + 1}\right) + 2\, l \right] - \frac{2}{5} \cdot f\, l\, \lambda\, \alpha_2 = Z_1'$$

$$2. \ldots\ldots -\frac{2}{5} \cdot f\, l\, \lambda\, \alpha_1 + \alpha_2 \cdot \frac{2}{5} \cdot f\, l \left[\lambda \left(7 - \frac{1}{\lambda + 1}\right) + 2\, l \right] = Z_2'.$$

Da

$$K_2' = K_2'' = \Theta_2 = 0,$$

so werden

$$3. \ldots\ldots Z_1' = K_1'' l \left(l + \frac{\lambda}{\lambda + 1}\right) + K_1' (\lambda + 1) - 3 \frac{\lambda}{f} \Theta_1 \left(\frac{3\lambda + 3l}{\lambda} + \frac{1}{\lambda + 1}\right)$$

$$4. \ldots\ldots Z_2' = K_1' \cdot \lambda - 3 \frac{\lambda}{f} \cdot \Theta_1.$$

Im belasteten Feld ist

$$\text{für } x < \frac{l}{2} \quad M_0 = \frac{P}{2} x,$$

$$\text{für } x > \frac{l}{2} \quad M_0 = \frac{P}{2} (l - x).$$

Daher

$$L_1 = \int_0^l M_0 \, x \, dx = -\frac{3}{48} P l^3 = \int_0^l M_0 (l - x) \, dx = R_1$$

$$\mathfrak{S}_1 = \int_0^l M_0 \, y \, dx = \frac{4f}{l^2} \int_0^l M_0 \cdot x (l - x) \, dx = \frac{5}{48} P l^2 f$$

$$K_1' = -6 \frac{L_1}{l} = -\frac{3}{8} P l^2 = K_1''$$

$$\frac{3 \Theta_1}{f} = -\frac{5}{16} P l^2.$$

Führen wir diese Werte in die Gleichungen 3 und 4 bzw. 1 und 2 ein, so erhalten wir:

$$5. \ldots\ldots \alpha_1 = \frac{5}{32} \cdot P \frac{l}{f} \varkappa_1,$$

$$\text{wobei } \varkappa_1 = \frac{\lambda^2 - \left[\lambda\left(7 - \frac{1}{\lambda + 1}\right) + 2l\right]\left[3l + \lambda\left(9 - \frac{1}{\lambda + 1}\right)\right]}{\lambda^2 - \left[\lambda\left(7 - \frac{1}{\lambda + 1}\right) + 2l\right]^2}$$

$$6. \ldots\ldots \alpha_2 = \frac{5}{32} \cdot P \frac{l}{f} \cdot \varkappa_2,$$

$$\text{wobei } \varkappa_2 = \frac{-\lambda\left[3l + \lambda\left(9 - \frac{1}{\lambda + 1}\right)\right] + \lambda\left[2l + \lambda\left(7 - \frac{1}{\lambda + 1}\right)\right]}{\lambda^2 - \left[\lambda\left(7 - \frac{1}{\lambda + 1}\right) + 2l\right]^2}$$

Für die Hauptstützenmomente ergeben sich auf Grund der Gl. XI die Werte:

$$7. \ldots \quad Y_0 = \frac{P\,l}{16}\nu_0', \quad \text{wobei} \quad \nu_0' = \frac{1}{\lambda+1}(\varkappa_1 - 1)$$

$$8. \ldots \quad X_1 = \frac{P\,l}{16}\nu_1, \quad \nu_1 = \frac{\lambda+1}{2\lambda+1}\left(\varkappa_1 + \varkappa_2 \cdot \frac{\lambda}{\lambda+1} - 1\right)$$

$$9. \ldots \quad Y_1 = \frac{P\,l}{16}\nu_1', \quad \nu_1' = \frac{\lambda}{2\lambda+1}\left(\varkappa_1 + \varkappa_2 \cdot \frac{\lambda+1}{\lambda} - 1\right)$$

$$10. \ldots \quad X_2 = \frac{P\,l}{16}\nu_2 \quad \nu_2 = \frac{1}{\lambda+1} \cdot \varkappa_2.$$

Diese Formeln gestatten uns, für alle möglichen Werte $\frac{\lambda}{l}$ die zugehörigen Schübe und Momente zu errechnen.

Beispielsweise findet man für

	$\frac{\lambda}{l} = 0$	bzw. $\frac{\lambda}{l} = \infty$
$\varkappa_1$	= 1,5 ,,	= 1,292
$\varkappa_2$	= 0,0 ,,	= 0,0417
ν_0'	= 0,5 ,,	= 0,0
ν_1	= 0,5 ,,	= 0,1667
ν_1'	= 0,0 ,,	= 0,1667
ν_2	= 0,0 ,,	= 0,0.

Durch Ermittelung von Zwischenwerten kann man sich leicht überzeugen, daß jegliche Änderung des Verdrehungswiderstandes λ eine nicht unerhebliche Änderung der Stützenmomente zur Folge hat, während die Schübe α selbst von diesem Widerstand weit weniger abhängig sind.

III. Abschnitt.

Bogenträger mit frei drehbaren, aber elastisch verschiebbaren Stützpunkten.

§ 1. Entwicklung der Grundgleichungen.

Die Stützungsart ist in der Weise gedacht, daß die Bögen in den Kämpfern starr miteinander verbunden sind, während sie sich um den Stützpunkt frei drehen können (Abb. 47). Da kein Verdrehungswiderstand geleistet werden kann, so werden zugleich alle Werte S und $\beta = 0$.

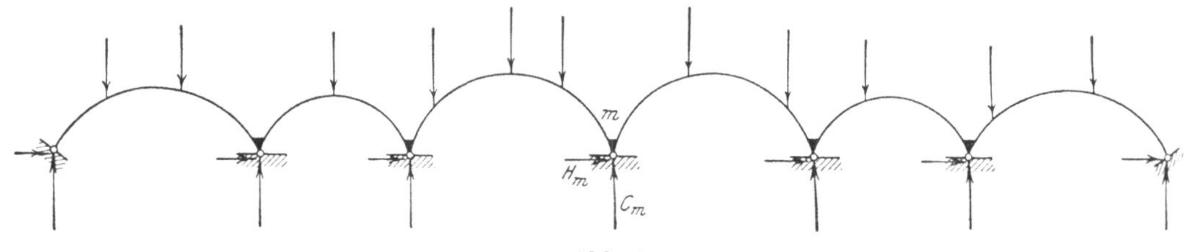

Abb. 47.

Um die freie Drehbarkeit zu kennzeichnen, muß dem Koeffizienten λ der Sonderwert $\lambda = \infty$ zugewiesen werden.

Es werden daher

$$\frac{\lambda'_m}{\lambda_m} = \frac{\lambda''_m}{\lambda_m} = 1, \quad \frac{\lambda_m}{J_m} = \frac{\lambda'_m}{J_m} = \frac{\lambda''_m}{J_m} = \frac{1}{s_m + s_{m+1}}$$

$$\frac{s_m}{J_m} = \frac{s_m}{\lambda_m} \cdot \frac{\lambda_m}{J_m} = \frac{s_{m+1}}{J_m} = 0.$$

Man erkennt ohne weiteres, daß $X_m = Y_m$ sein muß.

Der Reihe nach ergibt sich:

a) statt Gl. VII:

$$\textbf{XIV)} \quad \ldots (s_m + s_{m+1}) X_m = K_m - 3\left(\frac{\Theta_m}{f_m} + \frac{\Theta_{m+1}}{f_{m+1}}\right) + \alpha_{m-1} \cdot \frac{\tau_{m-1}}{f_m} +$$

$$+ \alpha_m\left(r_m^2 + \frac{\tau_m}{f_{m+1}}\right) + \alpha_{m+1}\left(r_{m+1}^2 + \frac{\tau_m}{f_m}\right) + \alpha_{m+2}\frac{\tau_{m+1}}{f_{m+1}}$$

b) statt Gl. VIII

$$\textbf{XV)} \;.\;.\; Z_m = \frac{K_{m-1}}{s_{m-1}+s_m} + \frac{K_m}{s_m+s_{m+1}} -$$

$$-3\left[\frac{\Theta_{m-1}}{f_{m-1}(s_{m-1}+s_m)} + \frac{\Theta_m}{f_m\cdot v_m} + \frac{\Theta_{m+1}}{f_{m+1}(s_m+s_{m+1})}\right]$$

$$= \left\{\begin{array}{l} -\alpha_{m-2}\cdot\frac{\tau_{m-2}}{f_{m-1}(s_{m-1}+s_m)} - \alpha_{m-1}\left(\frac{\tau_{m-1}}{f_m\cdot v_m} + \frac{r_{m-1}^2}{s_{m-1}+s_m}\right) - \\ \quad -\alpha_{m+1}\left(\frac{\tau_m}{f_m\cdot v_m} + \frac{r_{m+1}^2}{s_m+s_{m+1}}\right) - \alpha_{m+2}\cdot\frac{\tau_{m+1}}{f_{m+1}(s_m+s_{m+1})} \\ +\alpha_m\left[\frac{4}{35}\cdot\frac{f_m}{u_m}\cdot\mu_m\left(14-\frac{1}{2}\cdot\frac{l_m^2}{b_m^2}\right) + \frac{3\,I_c}{f_m\cdot u_m\cdot F_m\cdot\cos\varphi_m} + \right. \\ \quad \left.\frac{e_m^2}{l_m\cdot u_m} - \left(\frac{\tau_{m-1}}{f_{m-1}(s_{m-1}+s_m)} + \frac{r_m^2}{v_m} + \frac{\tau_m}{f_{m+1}(s_m+s_{m+1})}\right)\right] \end{array}\right.$$

Hierbei wird

$$\frac{1}{v_m} = \frac{1}{s_{m-1}+s_m} + \frac{1}{l_m\cdot u_m} + \frac{1}{s_m+s_{m+1}}$$

Um die ersten und die letzten Gleichungen zu finden, müssen in den allgemeinen Gleichungsformen die Sonderwerte

$$\frac{s_0}{J_0} = \frac{\lambda_0'}{J_0} = \frac{\lambda_n''}{J_n} = 0, \quad \alpha_0 = \alpha_{n+1} = 0, \quad K_0 = \Theta_0 = K_{n+1} = \Theta_{n+1} = 0$$

eingeführt werden.

Bei Trägern mit gleichen Feldern gleicher Beschaffenheit, welche der Bedingung $I\cos\varphi = I_c$ genau genug entsprechen, geht die letzte Gleichung XV über in:

$$\textbf{XVI}^{a)} \;.\; Z_1' = K_1\cdot\frac{f}{\tau} - \frac{3}{\tau}(3\,\Theta_1+\Theta_2) = \alpha_1\left(5+\frac{14}{5}\,\frac{f^2 l}{\tau}\right) - \alpha_2\left(1+\frac{2}{5}\cdot\frac{f^2 l}{\tau}\right) - \alpha_3$$

$$\textbf{XVI)} \;.\;.\; Z_m' = \frac{f}{\tau}(K_{m-1}+K_m) - \frac{3}{\tau}(\Theta_{m-1}+4\,\Theta_m+\Theta_{m+1})$$

$$= -(\alpha_{m-2}+\alpha_{m+2}) - 2(\alpha_{m-1}+\alpha_{m+1})\left(1+\frac{1}{5}\cdot\frac{f^2 l}{\tau}\right) +$$

$$+ 6\,\alpha_m\left(1+\frac{2}{5}\cdot\frac{f^2 l}{\tau}\right).$$

Häufig werden die Endwiderlager so stark ausgebildet, daß $\tau_0 = 0$ gesetzt werden darf. Dann lauten die 2 ersten Elastizitätsgleichungen:

$$\text{XVI}^{b}) \;.\; Z_1' = \alpha_1\left(2 + \frac{14}{5}\cdot f^2 \frac{1}{\tau}\right) - \alpha_2\left(1 + \frac{2}{5} f^2 \frac{1}{\tau}\right) - \alpha_3$$

$$\text{XVI}^{c}) \;.\; Z_2' = -\alpha_1\left(3 + \frac{2}{5}\cdot f^2 \frac{1}{\tau}\right) + 6\,\alpha_2\left(1 + \frac{2}{5}\cdot f^2 \frac{1}{\tau}\right) - 2\,\alpha_3\left(1 + \frac{1}{5}\cdot f^2 \frac{1}{\tau}\right) - \alpha_4 .$$

§ 2. Beispiel 3.

Der in Abb. 48 dargestellte Bogenträger hat 3 Öffnungen mit gleicher Spannweite l und gleicher Pfeilhöhe f.

Die Endwiderlager seien unverrückbar, die Mittelpfeiler dagegen elastisch beweglich. Es sind also $\tau_0 = \tau_3 = 0$, $\tau_1 = \tau_2 = \tau$.

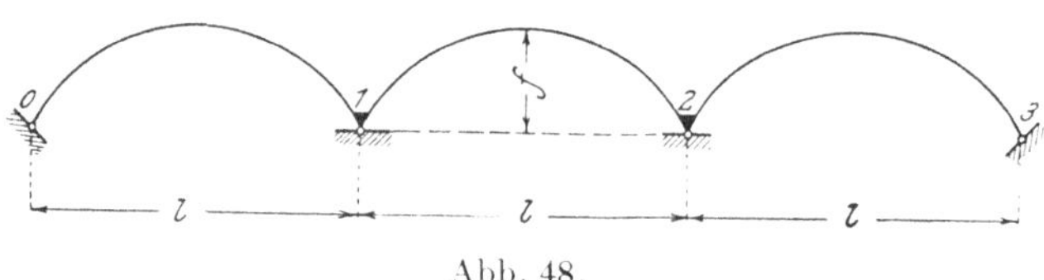

Abb. 48.

Die Gleichungen XVI^b und XVI liefern, wenn zur Abkürzung $\frac{2}{5}\cdot f^2 \frac{1}{\tau} = \nu$ gesetzt wird:

$$1. \;\ldots\; \alpha_1(2 + 7\,\nu) - \alpha_2(1 + \nu) - \alpha_3 = Z_1' = \frac{f}{\tau} K_1 - \frac{3}{\tau}(3\,\Theta_1 + \Theta_2)$$

$$2. \;\ldots\; -\alpha_1(3 + \nu) + 6\,\alpha_2\cdot(1 + \nu) - \alpha_3(3 + \nu) = Z_2' = \frac{f}{\tau}(K_1 + K_2) - \\ - \frac{3}{\tau}(\Theta_1 + 4\,\Theta_2 + \Theta_3)$$

$$3. \;\ldots\; -\alpha_1 - \alpha_2(1 + \nu) + \alpha_3(2 + 7\,\nu) = Z_3' = \frac{f}{\tau}\cdot K_2 - \frac{3}{\tau}(\Theta_2 + 3\,\Theta_3).$$

Die Auflösung dieser Gleichungen liefert:

$$4. \;\ldots\; \alpha_2 = \frac{1}{40\,\nu\,(1 + \nu)}\left[Z_2'(1 + 7\,\nu) + (Z_1' + Z_3')(3 + \nu)\right]$$

$$5. \;\ldots\; \alpha_1 + \alpha_3 = \frac{2\,\alpha_2(1 + \nu)}{1 + 7\,\nu} + \frac{Z_1' + Z_3'}{1 + 7\,\nu}$$

$$6. \;\ldots\; \alpha_1 - \alpha_3 = \frac{Z_1' - Z_3'}{3 + 7\,\nu}$$

Ist ein Feld gleichmäßig mit p belastet, so werden

$$M_0 = \frac{p}{2}\,x\,(l - x), \qquad L = R = \frac{p\,l^4}{24}, \qquad \mathfrak{S} = \frac{1}{15}\cdot p\,l^3 f.$$

Denken wir uns zunächst das linke Endfeld ausschließlich belastet, so erhalten wir:

$$K_1' = K_1'' = -\frac{1}{4}\cdot p\,l^3;\quad K_2' = K_2'' = K_3' = K_3'' = 0;$$

$$\Theta_1 = -\frac{1}{15}\cdot p\,l^3 f,\quad \Theta_2 = \Theta_3 = 0;$$

und somit

$$Z_1' = \frac{7}{8}\frac{p\,l^2}{f}\cdot\nu,\quad Z_2' = -\frac{1}{8}\cdot\frac{p\,l^2}{f}\cdot\nu,\quad Z_3' = 0;$$

7. . . . $\alpha_2 = \frac{p\,l^2}{8\,f}\cdot\frac{1}{2\,(1+\nu)};\quad \alpha_1 + \alpha_3 = \frac{p\,l^2}{8\,f};\quad \alpha_1 - \alpha_3 = \frac{p\,l^2}{8\,f}\cdot\frac{7\,\nu}{3+7\,\nu}$

Ist das Mittelfeld allein belastet, so ergibt sich analog:

$$K_1' = K_1'' = K_3' = K_3'' = 0;\quad K_2' = K_2'' = -\frac{1}{4}\cdot p\,l^3;$$

$$\Theta_1 = \Theta_3 = 0;\quad \Theta_2 = -\frac{1}{15}\cdot p\,l^3 f;$$

$$Z_1' = Z_3' = -\frac{1}{8}\cdot\frac{p\,l^2}{f}\nu;\quad Z_2' = \frac{3}{4}\cdot\frac{p\,l^2}{f}\nu;$$

8. . . $\alpha_1 = \alpha_3 = 0;\quad \alpha_2 = \frac{p\,l^2}{8\,f}\cdot\frac{\nu}{1+\nu}$

Die Gleichungen der Stützenmomente lauten:

9. . . . $X_1 = Y_1 = \frac{1}{2\,l}\left[K_1 - \frac{3}{f}(\Theta_1 + \Theta_2) + \alpha_1\cdot\frac{2}{5}\cdot f\,l + \alpha_2\left(\frac{2}{5}\cdot f\,l - \frac{\tau}{f}\right) + \alpha_3\cdot\frac{\tau}{f}\right]$

10. . . . $X_2 = Y_2 = \frac{1}{2\,l}\left[K_2 - \frac{3}{f}(\Theta_2 + \Theta_3) + \alpha_1\cdot\frac{\tau}{f} + \alpha_2\left(\frac{2}{5}\cdot f\,l - \frac{\tau}{f}\right) + \alpha_3\cdot\frac{2}{5}\cdot f\,l\right]$

Es sei beispielsweise $l = 6{,}0$ m; $f = 0{,}4$ m; $p = 1$ t/m.

Auf Grund der Formeln 7, 8, 9 und 10 erhalten wir:

a) bei ausschließlicher Belastung des linken Endfeldes,

	für $\tau = 0$	bzw. $\tau = 4$	bzw. $\tau = \infty$
α_1	= 11,25 t;	= 6,655 t;	= 5,625 t.
α_2	= 0,0 t;	= 5,13 t;	= 5,625 t.
α_3	= 0,0 t;	= 4,595 t;	= 5,625 t.
X_1	= 0,0 tm;	= — 0,402 tm;	= — 0,6 tm.
X_2	= 0,0 tm;	= + 2,043 tm;	= + 2,4 tm.

b) bei ausschließlicher Belastung des Mittelfeldes,

für	$\tau = 0$	bzw. $\tau = 10$	bzw. $\tau = \infty$
$\alpha_1 = \alpha_3 =$	0,0 t;	$=$ 0,0 t;	$=$ 0,0 t;
$\alpha_2 =$	11,25 t;	$=$ 0,986 t;	$=$ 0,0 t;
$X_1 = X_2 =$	0,0 tm;	$= -$ 1,643 tm;	$= -$ 1,8 tm.

Diese Zahlen zeigen uns den bedeutenden Einfluß der Stützennachgiebigkeit auf die Spannungsverteilung. Solange τ zwischen 0 und 10 schwankt, vollzieht sich die Spannungsänderung außerordentlich rasch; sobald aber die Nachgiebigkeit groß genug ist, um den mittleren Stützpunkten fast dieselbe Verschiebung zu gestatten, als ob sie frei wären, so wirken nur die Endfelder als Träger des Widerstandes, und der Horizontalschub verteilt sich gleichmäßig auf das ganze System. Daß eine einwandfreie Bestimmung von τ eine Grundbedingung ist für eine richtige Beurteilung des Spannungszustandes, braucht nicht weiter hervorgehoben zu werden.

IV. Abschnitt.

Bogenträger mit unverrückbaren, aber frei drehbaren Stützpunkten.

§ 1. Entwicklung der Grundgleichungen.

Die Stützungsart ist dieselbe wie im vorigen Abschnitt. Es ist nur überall $\eta' = 0$ und somit auch $\tau = 0$. Es ergibt sich demnach statt Gleichung XIV:

$$\text{XVII)} \quad X_m = Y_m =$$

$$= \frac{1}{s_m + s_{m+1}} \left[K_m - 3 \left(\frac{\Theta_m}{f_m} + \frac{\Theta_{m+1}}{f_{m+1}} \right) + \alpha_m \cdot e_m^2 + \alpha_{m+1} \cdot e_{m+1}^2 \right]$$

statt Gleichung XV:

$$\text{XVIII)} \quad Z_m = -\alpha_{m-1} \cdot \frac{e_{m-1}^2}{s_{m-1} + s_m} + \alpha_m \left[\frac{4}{35} \cdot \frac{f_m}{u_m} \cdot \mu_m \left(14 - \frac{1}{2} \cdot \frac{l_m^2}{b_m^2} \right) + \right.$$

$$\left. + \frac{3\, I_c}{f_m \cdot u_m \cdot F_m \cdot \cos \varphi_m} - \left(\frac{e_{m-1}^2}{s_{m-1} + s_m} + \frac{e_m^2}{s_m + s_{m+1}} \right) \right] - \frac{\alpha_{m+1} \cdot e_{m+1}^2}{s_m + s_{m+1}}$$

Bei den ersten und letzten Gleichungen des Systems muß auf die Sonderwerte $\alpha_0 = \alpha_{n+1} = \Theta_0 = \Theta_{n+1} = 0$ geachtet werden.

Es dürfte vielleicht von Interesse sein, noch den Nachweis zu erbringen, daß es möglich ist, für diese Bogenträger einen Dreimomentensatz abzuleiten, dessen Gliederung genau dieselbe ist wie diejenige der bekannten Clapeyronschen Gleichungen.

Das Stützenmoment $X_m = Y_m$ möge allgemein mit M_m bezeichnet werden.

Da sämtliche Werte $\eta' = 0$ sind, so geht Gl. III^b über in:

$$(M_{m-1} + M_m)\, l_m \cdot u_m = 3 \cdot \frac{\Theta_m}{f_m} +$$

$$+ \alpha_m\, l_m \left[f_m \cdot \mu_m \cdot \frac{4}{35} \left(14 - \frac{1}{2} \cdot \frac{l_m^2}{b_m^2} \right) + \frac{3\, I_c}{f_m \cdot F_m \cdot \cos \varphi_m} \right]$$

Hieraus ergibt sich:

$$\text{XIX)} \qquad \alpha_m = \frac{\omega_m}{3}\left[(M_{m-1} + M_m)\frac{u_m}{f_m} - \frac{3\,\Theta_m}{f_m^2 \cdot l_m}\right]$$

wobei

$$\omega_m = \frac{1}{\dfrac{I_c}{f_m^2 \cdot F_m \cdot \cos\varphi_m} + \dfrac{4}{105}\cdot \mu_m \left(14 - \dfrac{1}{2}\cdot\dfrac{l_m^2}{b_m^2}\right)}$$

Führen wir in die Clapeyronsche Gleichung

$$M_{m-1}\cdot l_m \cdot u_m + M_m\,(l_m \cdot u_m + l_{m+1}\cdot u_{m+1} + s_m + s_{m+1}) + \\ + M_{m+1}\cdot l_{m+1}\cdot u_{m+1} = K_m + 2\,(\alpha_m \cdot f_m \cdot l_m \cdot u_m + \\ + \alpha_{m+1}\cdot f_{m+1}\cdot l_{m+1}\cdot u_{m+1})$$

statt der Werte α die zugehörigen, aus Gl. XIX zu bestimmenden M-Werte ein, so erhalten wir:

$$\text{XX)} \;.\;.\; M_{m-1}\cdot i_m + M_m\,(i_m + i_{m+1} + s_m + s_{m+1}) + M_{m+1}\cdot i_{m+1} = K_m + \\ + 2\left(\frac{\Theta_m}{f_m}\cdot u_m \cdot \omega_m + \frac{\Theta_{m+1}}{f_{m+1}}\cdot u_{m+1}\cdot \omega_{m+1}\right)$$

wobei

$$i_m = l_m \cdot u_m\left(1 - \frac{2}{3}\cdot u_m \cdot \omega_m\right).$$

Handelt es sich um Träger mit gleichen Feldern gleicher Beschaffenheit, welche auch der Bedingung $I \cos\varphi = I_m$ genau genug entsprechen, und wird das Glied $\dfrac{I_c}{f^2 . F \cos\varphi} = 0$ gesetzt, so gelangt man zur folgenden Gleichung:

$$\text{XXI.} \;.\;.\; M_{m-1} - 6\,M_m + M_{m+1} = -4\,\frac{K_m}{l} + 15\left(\frac{\Theta_m + \Theta_{m+1}}{f\,l}\right)$$

Die Dreimomentengleichungen XX und XXI sind so einfach, daß es sich wohl erübrigt, ihre großen Vorzüge weiter zu erwähnen.

§ 2. Beispiele 1 und 2.

Wir behandeln zunächst den auf S. 95 im Beispiel 1 untersuchten Träger (Abb. 44).

Es waren:

$$K_1' = K_1'' = K_4' = K_4'' = \Theta_1 = \Theta_4 = 0,$$

$$K_2' = K_2'' = K_3' = K_3'' = -\frac{3}{8}P\,l^2; \qquad 3\,\frac{\Theta_2}{f} = 3\,\frac{\Theta_3}{f} = -\frac{5}{16}P\,l^2.$$

Mithin

$$K_1 = K_3 = -\frac{3}{8} P l^2, \qquad K_2 = -\frac{3}{4} P l^2.$$

Infolge der Symmetrie sind

$$\alpha_1 = \alpha_4, \quad \alpha_2 = \alpha_3, \quad M_1 = M_3$$

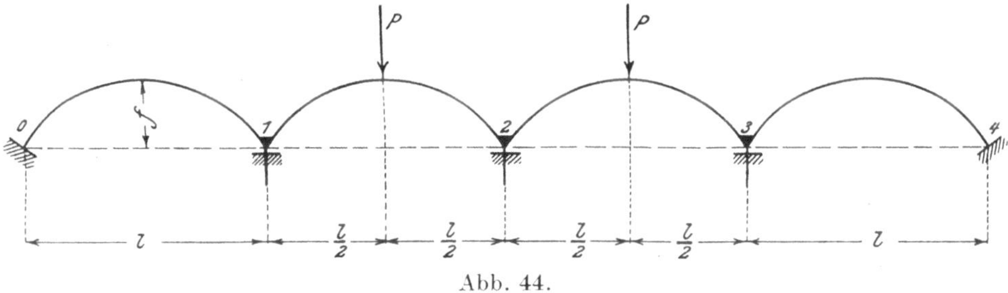

Abb. 44.

Nach Gl. XXI lauten die Elastizitätsbedingungen:

$$-6 M_1 + M_2 = -4 \frac{K_1}{l} + \frac{15}{f l} \cdot \Theta_2 = -\frac{P l}{16}$$

$$2 M_1 - 6 M_2 = -4 \frac{K_2}{l} + \frac{15}{f l} (\Theta_2 + \Theta_3) = -2 \frac{P l}{16}.$$

Die Auflösung liefert:

$$M_1 = \frac{4}{17} \cdot \frac{P l}{16}; \qquad M_2 = \frac{P l}{16} \cdot \frac{7}{17} = -\frac{P l}{16} (-0{,}411).$$

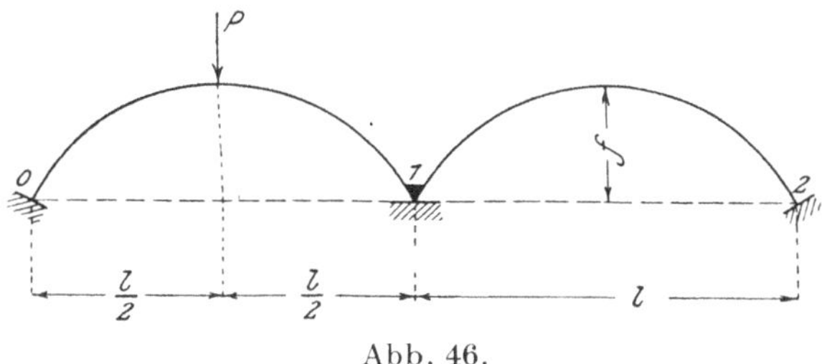

Abb. 46.

Mit Hilfe der Gl. XIX finden wir nun:

$$\frac{8}{15} \cdot f \alpha_1 = \frac{M_1}{3} \quad \text{oder} \quad \alpha_1 = \frac{5}{32} \cdot \frac{P l}{f} \cdot 0{,}0589$$

$$\frac{8}{15} \cdot f \alpha_2 = \frac{M_1 + M_2}{3} - \frac{\Theta_2}{f l} \quad \text{oder} \quad \alpha_2 = \frac{5}{32} \cdot \frac{P l}{f} \cdot 1{,}411.$$

Hierdurch ist die Richtigkeit der auf S. 98 für $\gamma = 0, \frac{\lambda}{l} = \infty$ errechneten Werte erwiesen.

Für den im Beispiel 2 auf S. 101 behandelten Träger waren (Abb. 46):

$$K_1' = K_1'' = -\frac{3}{8} P l^2, \qquad K_2' = K_2'' = 0; \qquad 3\frac{\Theta_1}{f} = -\frac{5}{16} P l^2, \quad \Theta_2 = 0.$$

Nach Gl. XXI ergibt sich:

$$-6 M_1 = \frac{15}{f l} \cdot \Theta_1 - 4 \frac{K_1}{l} = -\frac{P l}{16}.$$

Mithin

$$M_1 = \frac{P l}{16} (0{,}1667).$$

Entsprechend Gl. XIX werden

$$\alpha_1 = \frac{15}{8 f} \left(\frac{M_1}{3} - \frac{\Theta_1}{f l} \right) = \frac{15}{32} \cdot \frac{P l}{f} (1{,}292)$$

$$\alpha_2 = \frac{15}{8 f} \cdot \frac{M_1}{3} \qquad = \frac{15}{32} \cdot \frac{P l}{f} (0{,}0417).$$

Der Leser kann sich leicht überzeugen, daß diese Werte mit den auf S. 103 für $\frac{\lambda}{l} = \infty$ errechneten vollständig identisch sind.

V. Abschnitt.

Bogenträger mit festen Gelenken an den Endwiderlagern und wagerechten Gleitlagern in den Mittelstützpunkten.

§ 1. Entwicklung der Grundgleichungen.

Die Stützungsart ist in Abb. 49 dargestellt: sie ist durch die Sonderwerte $\lambda = \infty$, $\eta_0' = \eta_n' = 0$, $\eta_1' = \eta_2' = \eta_3' = \ldots = \eta_{n-1}' = \infty$ charakterisiert.

In allen Stützpunkten ist, von den Endwiderlagern abgesehen, $H_1 = H_2 = H_3 = \ldots = H_{n-1} = 0$, es ist daher

$$\alpha_1 = \alpha_2 = \alpha_3 = \ldots\ldots = \alpha_n = \alpha.$$

Die zuletzt abgeleiteten Gleichungen XIX und XX liefern:

$$\text{XXII.}\ .\quad \alpha = \sum_1^n \omega_m \left[\frac{M_{m-1} + M_m}{3} \cdot \frac{u_m}{f_m} - \frac{\Theta_m}{f_m^2 \cdot l_m}\right]$$

$$\text{XXIII.}\ .\quad M_{m-1} \cdot l_m \cdot u_m + M_m (l_m \cdot u_m + l_{m+1} \cdot u_{m+1} + s_m + s_{m+1})$$
$$+ M_{m+1} \cdot l_{m+1} \cdot u_{m+1} = K_m + 2\,\alpha\,(f_m \cdot l_m \cdot u_m + u_{m+1} \cdot f_{m+1} \cdot l_{m+1})$$

Denken wir uns den Schub α beseitigt, so hätten wir einen einfachen durchlaufenden Träger mit frei dreh- und verschiebbaren Stützpunkten (Abb. 50), welcher unter der Einwirkung der Lasten P die Stützenmomente M'_m aufzunehmen hätte. Bringen wir auf denselben Träger die Belastung $\alpha = -1$, (Abb. 51), so würden Stützenmomente $\mathfrak{M}'_m$ entstehen. Es ist einleuchtend, daß die wirklichen Stützenmomente M_m der Gleichung

$$M_m = M'_m - \alpha\, \mathfrak{M}'_m$$

folgen. Achtet man auf diese Beziehung, so liefert Gl. XXII:

$$\text{XXII}^{a}.\ .\quad \alpha = \frac{\sum_1^n \left[(M'_{m-1} + M'_m) - \dfrac{3\,\Theta_m}{f_m \cdot l_m \cdot u_m}\right]}{\sum_1^n \left[(\mathfrak{M}'_{m-1} + \mathfrak{M}_m) + \dfrac{3\,f_m}{u_m \cdot \omega_m}\right]}$$

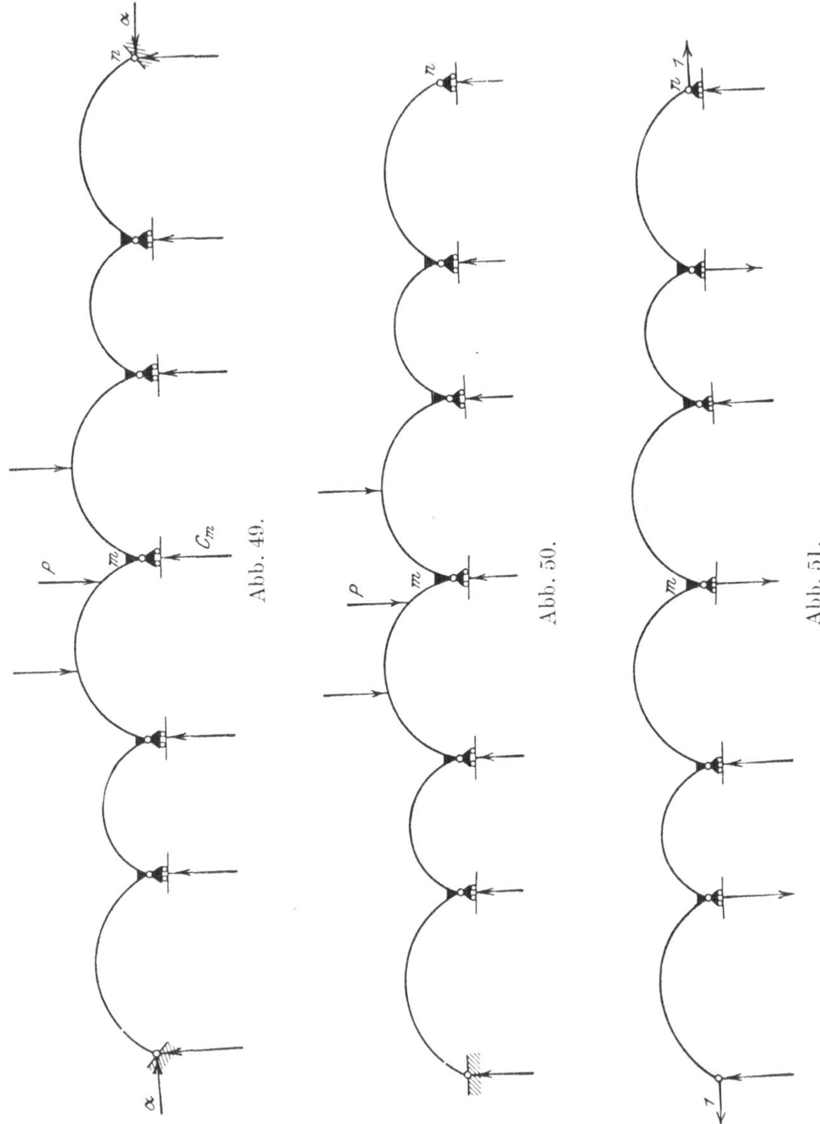

Abb. 49.

Abb. 50.

Abb. 51.

Zur Bestimmung der Werte M'_m muß das Gleichungssystem

$$M'_{m-1} \cdot l_m \cdot u_m + M'_m (l_m \cdot u_m + l_{m+1} \cdot u_{m+1} + s_m + s_{m+1}) +$$
$$+ M'_{m+1} \cdot l_{m+1} \cdot u_{m+1} = K_m$$

aufgelöst werden, während die Werte $\mathfrak{M}'_m$ aus dem Gleichungssystem

$$\mathfrak{M}'_{m-1} \cdot l_m \cdot u_m + \mathfrak{M}'_m (l_m \cdot u_m + l_{m+1} \cdot u_{m+1} + s_m + s_{m+1}) +$$

$$+ \mathfrak{M}'_{m+1} \cdot l_{m+1} \cdot u_{m+1} = -\frac{1}{4} (q_m \cdot l_m^3 \cdot u_m + q_{m+1} \cdot l_{m+1}^3 \cdot u_{m+1}),$$

wo $q_m = 8 \frac{f_m}{l_m^2}$ ist, errechnet werden können.

Außerordentlich einfach gestaltet sich die Untersuchung, wenn die Träger gleiche Felder haben, welche der Bedingung $I \cos \varphi = I_c$ genau genug entsprechen.

Die zugehörigen Gleichungen lauten:

$$\text{XXIII}^a. \; . \; . \quad M_{m-1} + 4 M_m + M_{m+1} = \frac{K_m}{l} + 4 \alpha f$$

$$\text{XXII}^b. \; . \; . \; . \quad \alpha = \frac{\frac{2}{3} \Sigma_1^n M_m - \frac{1}{f\,l} \Sigma_1^n \Theta_m}{n \cdot \frac{8}{15} \cdot f}$$

Unter n ist hierbei wie immer die Felderanzahl zu verstehen. Wir werden nun zeigen, daß es möglich ist, für $\Sigma_1^n M_m$ einen geschlossenen Ausdruck zu finden.

Wir unterscheiden 2 Fälle, je nachdem n eine gerade oder eine ungerade Zahl ist.

Fall A: n = 2 m.

Das Elastizitätsgleichungssystem XXIII[a] liefert:

$$1. \; \dots \dots \quad 4 M_1 + M_2 = \frac{K_1}{l} + 4 \alpha f$$

$$2. \; \dots \quad M_1 + 4 M_2 + M_3 = \frac{K_2}{l} + 4 \alpha f$$

. . . .

$$m) \quad M_{m-1} + 4 M_m + M_{m+1} = \frac{K_m}{l} + 4 \alpha f$$

. . . .

$$n-2) \quad M_{n-3} + 4 M_{n-2} + M_{n-1} = \frac{K_{n-2}}{l} + 4 \alpha f$$

$$n-1) \quad M_{n-2} + 4 M_{n-1} = \frac{K_{n-1}}{l} + 4 \alpha f$$

Setzen wir einerseits

$$\Sigma_{m}^{m} = M_{m}$$

$$\Sigma_{m-1}^{m+1} = M_{m-1} + M_{m} + M_{m+2}$$

$$\Sigma_{m-2}^{m+2} = M_{m-2} + M_{m-1} + M_{m} + M_{m+1} + M_{m+2}$$

. . . .

$$\Sigma_{1}^{2m-1} = M_1 + M_2 + M_3 + \ldots + M_{m} + \ldots + M_{n-2} + M_{n-1}$$

und andererseits

$$1\,S_{m}^{m} = K_{m}$$

$$1\,S_{m-1}^{m+1} = K_{m-1} + K_{m} + K_{m+1}$$

$$1\,S_{m-2}^{m+2} = K_{m-2} + K_{m-1} + K_{m} + K_{m+1} + K_{m+2}$$

. . . .

$$1\,S_{1}^{2m-1} = K_1 + K_2 + K_3 + \ldots + K_{m} + \ldots + K_{n-2} + K_{n-1}\,,$$

so läßt sich durch progressive Addition der Elastizitätsgleichungen folgendes Gleichungssystem ableiten:

XIV. . . . . $3\,\Sigma_{m}^{m} + \Sigma_{m-1}^{m+1} = S_{m}^{m} + 4\,\alpha f \cdot 1$

$$\Sigma_{m}^{m} + 4\,\Sigma_{m-1}^{m+1} + \Sigma_{m-2}^{m+2} = S_{m-1}^{m+1} + 4\,\alpha f\,(1 + 2 \cdot 1)$$

$$\Sigma_{m-1}^{m+1} + 4\,\Sigma_{m-2}^{m+2} + \Sigma_{m-3}^{m+3} = S_{m-2}^{m+2} + 4\,\alpha f\,(1 + 2 \cdot 2)$$

. . . .

$$\Sigma_{m-(k-1)}^{m+(k-1)} + 4\,\Sigma_{m-k}^{m+k} + \Sigma_{m-(k+1)}^{m+(k+1)} = S_{m-k}^{m+k} + 4\,\alpha f\,(1 + 2 \cdot k)$$

. . . .

$$\Sigma_{2}^{2m-2} + 5\,\Sigma_{1}^{2m-1} = S_{1}^{2m-1} + 4\,\alpha f\,[1 + 2\,(m - 1)]$$

Wir ermitteln nun die Koeffizienten:

$$\varkappa_1 = 4 - 1, \qquad \sigma_1 = \frac{1}{\varkappa_1}$$

$$\varkappa_2 = 4 - \frac{1}{\varkappa_1}, \qquad \sigma_2 = \frac{1}{\varkappa_2}\,[(2 \cdot 1 + 1) - \sigma_1]$$

$$\varkappa_3 = 4 - \frac{1}{\varkappa_2}, \qquad \sigma_3 = \frac{1}{\varkappa_3}\,[(2 \cdot 2 + 1) - \sigma_2]$$

. . . .

$$\varkappa_k = 4 - \frac{1}{\varkappa_{k-1}}, \qquad \sigma_k = \frac{1}{\varkappa_k}\,[2\,(k - 1) + 1 - \sigma_{k-1}]\,,$$

beachten, daß ausnahmsweise für die mittlere Ordnungsziffer m

$$\varkappa_m = 5 - \frac{1}{\varkappa_{m-1}},$$

lösen das Gleichungssystem XXIV auf und erhalten:

XXV) . $\Sigma_1^{2m-1} = R + 4\alpha f \cdot \sigma_m$,

wobei

$$R = \frac{S_1^{2m-1}}{\varkappa_m} - \frac{S_2^{2m-2}}{\varkappa_m \cdot \varkappa_{m-1}} + \frac{S_3^{2m-3}}{\varkappa_m \cdot \varkappa_{m-1} \cdot \varkappa_{m-2}} - \cdots \pm$$

$$\pm \frac{S_m^m}{\varkappa_m \cdot \varkappa_{m-1} \cdot \varkappa_{m-2} \cdots \varkappa_2 \cdot \varkappa_1}$$

Da $M_n = 0$, so ist auch

$$\Sigma_1^{2m-1} = \Sigma_1^n M_m$$

Mithin ergibt sich aus Gl. XXII[b]

$$\textbf{XXVI)}\quad \alpha = \frac{R - \frac{3}{2fl} \cdot \Sigma_1^n \Theta_m}{\frac{4}{5} \cdot f(n - 5\sigma_m)}$$

Fall B: n = 2 m + 1.

Setzen wir

$$\Sigma_m^{m+1} = M_m + M_{m+1}$$

$$\Sigma_{m-1}^{m+2} = M_{m-1} + M_m + M_{m+1} + M_{m+2}$$

$$\Sigma_{m-2}^{m+3} = M_{m-2} + M_{m-1} + M_m + M_{m+1} + M_{m+2} + M_{m+3}$$

. . . .

$$\Sigma_1^{n-1} = M_1 + M_2 + M_3 + \cdots + M_m + M_{m+1} + \cdots + M_{n-1}$$

$$l\, S_m^{m+1} = K_m + K_{m+1}$$

$$l\, S_{m-1}^{m+2} = K_{m-1} + K_m + K_{m+1} + K_{m+2}$$

$$l\, S_{m-2}^{m+3} = K_{m-2} + K_{m-1} + K_m + K_{m+1} + K_{m+2} + K_{m+3}$$

. . . .

$$l\, S_1^{n-1} = K_1 + K_2 + K_3 + \cdots + K_m + K_{m+1} + \cdots + K_{n-1},$$

so können wir, in ähnlicher Weise wie vorhin, aus den Elastizitätsgleichungen XXIII[a] das folgende Gleichungssystem ableiten:

$$\textbf{XXVII)} \quad \ldots\ldots\ldots \quad \Sigma_{m-1}^{m+2} + 4\,\Sigma_{m}^{m+1} = S_{m}^{m+1} + 1\cdot 8\,\alpha f$$

$$\Sigma_{m}^{m+1} + 4\,\Sigma_{m-1}^{m+2} + \Sigma_{m-2}^{m+3} = S_{m-1}^{m+2} + 2\cdot 8\,\alpha f$$

$$\Sigma_{m-1}^{m+2} + 4\,\Sigma_{m-2}^{m+3} + \Sigma_{m-3}^{m+4} = S_{m-2}^{m+3} + 3\cdot 8\,\alpha f$$

$$\ldots\ldots\ldots\ldots\ldots\ldots$$

$$\Sigma_{3}^{n-3} + 4\,\Sigma_{2}^{n-2} + \Sigma_{1}^{n-1} = S_{2}^{n-2} + (m-1)\,8\,\alpha f$$

$$\Sigma_{2}^{n-2} + 5\,\Sigma_{1}^{n-1} = S_{1}^{n-1} + m\cdot 8\,\alpha f$$

Wir bilden 2 Gruppen von Koeffizienten:

$$\varkappa_1' = 4\,, \qquad \sigma_1' = \frac{1}{\varkappa_1'}$$

$$\varkappa_2' = 4 - \frac{1}{\varkappa_1'}\,, \qquad \sigma_2' = \frac{1}{\varkappa_2'}\,(2 - \sigma_1')$$

$$\varkappa_3' = 4 - \frac{1}{\varkappa_2'}\,, \qquad \sigma_3' = \frac{1}{\varkappa_3'}\,(3 - \sigma_2')$$

$$\ldots\ldots\ldots\ldots\ldots\ldots$$

$$\varkappa_k' = 4 - \frac{1}{\varkappa_{k-1}'}\,, \qquad \sigma_k' = \frac{1}{\varkappa_k'}\,(k - \sigma_{k-1}')$$

Zu beachten ist hierbei der letzte Wert

$$\varkappa_m' = 5 - \frac{1}{\varkappa_{m-1}'}$$

Die Auflösung des Gleichungssystems XXVII liefert:

$$\Sigma_{1}^{n-1} = R' + 8\,\alpha f\cdot \sigma_m'$$

wobei

$$R' = \frac{S_1^{n-1}}{\varkappa_m'} - \frac{S_2^{n-2}}{\varkappa_m'\cdot\varkappa_{m-1}'} + \frac{S_3^{n-3}}{\varkappa_m'\cdot\varkappa_{m-1}'\cdot\varkappa_{m-2}'} - \ldots\ldots \pm \frac{S_m^{m+1}}{\varkappa_1'\cdot\varkappa_2'\cdot\varkappa_3'\ldots\ldots\varkappa_m'}$$

Da

$$M_n = 0$$

ist, so ist

$$\Sigma_1^{n-1} = \Sigma_1^{n} M.$$

Mithin ergibt sich aus Gl. XXII[b]

$$\textbf{XXVIII.} \quad \alpha = \frac{R' - \dfrac{3}{2\,f\,l}\cdot \Sigma_1^{n}\,\Theta_m}{\dfrac{4}{5}\cdot f\,(n - 10\,\sigma_m')}$$

Hat man mit Hilfe der Formeln XXVI bzw. XXVIII den Wert α errechnet, so kann man das Gleichungssystem XXIII auflösen und sämtliche Stützenmomente bestimmen.

§ 2. Beispiel 4.

Aufgabe 1. Der in Abb. 52 skizzierte Bogenträger hat n gleich beschaffene Felder. Gesucht ist der Schub α, wenn das linke Endfeld allein mit p t/m gleichmäßig belastet ist. Die Bedingung $I \cos \varphi = I_c$ sei erfüllt.

Im belasteten Felde ist

$$L_1 = R_1 = \frac{p\,l^4}{24}, \quad \mathfrak{S}_1 = \frac{p\,f\,l^3}{15}$$

Im übrigen sind

$$K_2 = K_3 = \ldots = K_n = 0, \quad \Theta_2 = \Theta_3 = \ldots\ldots = \Theta_n = 0$$

Daher ergibt sich

$$S_1^{n-1} = \frac{K_1}{l} = -\frac{p\,l^2}{4}, \quad S_2^{n-2} = S_3^{n-3} = \ldots\ldots = 0$$

$$\Theta_1 = -\mathfrak{S}_1 = -\frac{p\,f\,l^3}{15}, \quad \sum_1^n \Theta_m = -\frac{p\,f\,l^3}{15}$$

$$R = -\frac{p\,l^2}{4\,\varkappa_m}, \quad R' = -\frac{p\,l^2}{4\,\varkappa'_m}.$$

Nach Formel XXVI erhält man für n = 2 m

$$\alpha = \frac{p\,l^2}{8\,f} \cdot \frac{1 - \frac{5}{2} \cdot \frac{1}{\varkappa_m}}{n - 5 \cdot \sigma_m} \quad \ldots\ldots\ldots\ldots \quad 1)$$

und nach Formel XXVIII für n = 2 m + 1

$$\alpha = \frac{p\,l^2}{8\,f} \cdot \frac{1 - \frac{5}{2} \cdot \frac{1}{\varkappa'_m}}{n - 10 \cdot \sigma'_m} \quad \ldots\ldots\ldots\ldots \quad 2)$$

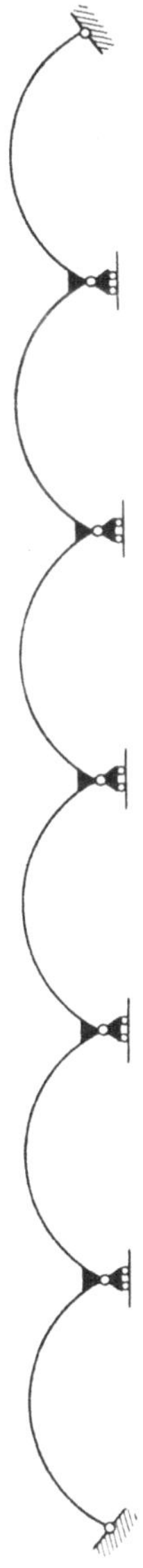

Abb. 52.

Es sei beispielsweise n = 13, m = 6.

Die Zahlenwerte der Koeffizienten $\varkappa'$ und σ' sind:

$$\varkappa_1' = 4, \ \varkappa_2' = \frac{15}{4}, \ \varkappa_3' = \frac{56}{15}, \ \varkappa_4' = \frac{209}{56}, \ \varkappa_5' = \frac{180}{209}, \ \varkappa_6' = 5 - \frac{209}{180} = \frac{3691}{780}$$

$$\sigma_1' = \frac{1}{4}, \ \sigma_2' = \frac{7}{15}, \ \sigma_3' = \frac{38}{56}, \ \sigma_4' = \frac{186}{209}, \ \sigma_5' = \frac{859}{780}, \ \sigma_6' = \frac{780}{3691}\left(6 - \frac{859}{780}\right) = \frac{3821}{3691}$$

Aus Gl. 2 erhält man

$$\alpha = \frac{p\,l^2}{8\,f} \cdot \frac{1 - \frac{5}{2} \cdot \frac{780}{3691}}{13 - 10 \cdot \frac{3821}{3691}} = 0{,}179 \cdot \frac{p\,l^2}{8\,f}.$$

Wiederholt man diese Berechnung für verschiedene Werte von n, so gewinnt man folgende Zahlen:

für $n =$	1;	2;	3;	4;	5;	6;	7;	8;	9;	10;	11;	12;	13.
$\frac{8\,f}{p\,l^2} \cdot \alpha =$	1,0;	0,5;	0,5;	0,4067;	0,36;	0,318;	0,2865;	0,26;	0,238;	0,22;	0,204;	0,19;	0,179.

Aufgabe 2.. Gesucht für denselben Träger der Horizontalschub infolge einer gleichmäßigen Erwärmung.

Es werden

$$K_1 = K_2 = K_3 = \cdots = K_n = 0,$$

$$\Theta_1 = \Theta_2 = \Theta_3 = \cdots = \Theta_n = -\varepsilon E I_c t_0 l$$

$$R = R' = 0, \quad \Sigma_1^n \Theta = -n \varepsilon E I_c t_0 l.$$

Nach Formel XXVI ist

$$\alpha = \frac{15}{8} \cdot \frac{\varepsilon E I_c t_0}{f^2} \cdot \frac{n}{n - 5 \cdot \sigma_m}$$

Nach Formel XXVIII ist

$$\alpha = \frac{15}{8} \cdot \frac{\varepsilon E I_c t_0}{f^2} \cdot \frac{n}{n - 10 \cdot \sigma'_m}.$$

Diese Gleichungen liefern

für $n =$	1;	3;	6;	10;	13;
$\frac{8\,f^2 \cdot \alpha}{15\,\varepsilon E I_c t_0} =$	1,0;	3,0;	4,05;	4,71;	4,86. —

Aufgabe 3. Gesucht für denselben Träger der Horizontalschub infolge einer ungleichmäßigen Erwärmung.

Es ist allgemein

$$\frac{K}{l} = -6\,\varepsilon E I_c \cdot \frac{\Delta t}{d \cos \varphi}$$

$$\Theta = -\frac{2}{3} \cdot f\,l \cdot \varepsilon E I_c \cdot \frac{\Delta t}{d \cos \varphi}$$

Die Gleichung XXIII kann in der Form

$$M_{m-1} + 4\,M_m + M_{m+1} = 4\,f\left(\alpha - \frac{3}{2}\cdot\varepsilon\,E\,I_c\cdot\frac{\varDelta t}{f\,d\cos\varphi}\right)$$

geschrieben werden. Setzt man

$$\alpha - \frac{3}{2}\cdot\varepsilon\,E\,I_c\cdot\frac{\varDelta t}{f\,d\cos\varphi} = \alpha'$$

und nimmt zunächst n = 2 m an, so ergibt sich nach Gl. XXV·

$$\Sigma_1^{2m-1} M = 4\,\sigma_m\cdot f\cdot\alpha' = 4\,\sigma_m\cdot f\cdot\alpha - 6\,\varepsilon\,E\,I_c\cdot\frac{\varDelta t}{d\cos\varphi}\cdot\sigma_m.$$

Führen wir diesen Wert in die Gl. XXII^b ein

$$\frac{8}{15}\cdot n\,f\,\alpha = \frac{2}{3}\,\Sigma_1^{2m-1} M - \frac{1}{f\,l}\cdot\Sigma_1^n\,\Theta$$

und beachten, daß

$$-\frac{1}{f\,l}\,\Sigma_1^n\,\Theta = +\frac{2}{3}\cdot n\cdot\varepsilon\,E\,I_c\cdot\frac{\varDelta t}{d\cos\varphi},$$

so erhalten wir:

$$\alpha = \frac{5}{4}\cdot\frac{\varepsilon\,E\,I_c}{f}\cdot\frac{\varDelta t}{d\cos\varphi}\cdot\frac{n - 6\,\sigma_m}{n - 5\,\sigma_m}.$$

Ganz analog wird für n = 2 m + 1 die Formel

$$\alpha = \frac{5}{4}\cdot\frac{\varepsilon\,E\,I_c}{f}\cdot\frac{\varDelta t}{d\cos\varphi}\cdot\frac{n - 12\,\sigma_m'}{n - 10\,\sigma_m'}$$

abgeleitet.

Die letzten Gleichungen liefern

	für n =	4;	5;	6;	10;	13;
$\frac{4}{5}\cdot\frac{f\cdot\alpha}{\varepsilon\,E\,I_c}\cdot\frac{d\cos\varphi}{\varDelta t}$	=	0,506;	0,443;	0,398;	0,272;	0,218.

Die Ergebnisse der Aufgaben 1, 2 und 3 kennzeichnen die Eigenart der Bogenträger mit beweglichen Mittellagern; sie zeigen uns, daß diese Träger sich teilweise als Bögen, teilweise als Balken verhalten.

Die entlastende Wirkung des Horizontalschubes ist um so bedeutender, je mehr sich die Lasten den festen Endwiderlagern nähern: mit wachsender Felderanzahl nimmt der Horizontalschub ab, während er bei totaler Belastung des ganzen Trägergebildes den für einen unabhängigen Zweigelenkbogen geltenden Grenzwert erreicht.

Die Wirkung der Temperatur ist in jeder Hinsicht ungünstig; bei gleichmäßiger Temperaturänderung wird der Schub um so größer, je mehr Felder vorhanden sind: sein Grenzwert ist der Horizontalschub des eingespannten Bogens. Ist die Temperaturänderung ungleichmäßig, so nimmt der Horizontalschub mit wachsender Felderanzahl sehr rasch ab, und der Spannungszustand wird derselbe wie beim durchlaufenden Balken.

Jedenfalls übt die Temperatur einen so bedeutenden Einfluß aus, daß sie unbedingt bei der Querschnittsbemessung eine genaue Beachtung beanspruchen darf.